BAKING

제과
산업기사

필기 초단기완성

SD에듀
㈜시대고시기획

제과산업기사
초단기완성

Always with you

사람이 길에서 우연하게 만나거나 함께 살아가는 것만이 인연은 아니라고 생각합니다.
책을 펴내는 출판사와 그 책을 읽는 독자의 만남도 소중한 인연입니다.
SD에듀는 항상 독자의 마음을 헤아리기 위해 노력하고 있습니다.
늘 독자와 함께하겠습니다.

CBT 필기시험 안내사항

① CBT 시험이란 인쇄물 기반 시험인 PBT와 달리 컴퓨터 화면에 시험문제가 표시되어 응시자가 마우스를 통해 문제를 풀어나가는 컴퓨터 기반의 시험을 말한다.

② 입실 전 본인 좌석을 확인한 후 착석해야 한다.

③ 전산으로 진행됨에 따라, 안정적 운영을 위해 입실 후 감독위원 안내에 적극 협조하여 응시해야 한다.

④ 최종 답안 제출 시 수정이 절대 불가하므로 충분히 검토 후 제출해야 한다.

⑤ 제출 후 점수를 확인하고 퇴실한다.

CBT 완전 정복 TIP

❶ 내 시험에만 집중할 것

CBT 시험은 같은 고사장이라도 각기 다른 시험이 진행되고 있으니 자신의 시험에만 집중하면 됩니다.

❷ 이상이 있을 경우 조용히 손을 들 것

컴퓨터로 진행되는 시험이기 때문에 프로그램상의 문제가 있을 수 있습니다. 이때 조용히 손을 들어 감독관에게 문제점을 알리며, 큰 소리를 내는 등 다른 사람에게 피해를 주는 일이 없도록 합니다.

❸ 연습 용지를 요청할 것

응시자의 요청에 한해 연습 용지를 제공하고 있습니다. 필요시 연습 용지를 요청하며, 미리 시험에 관련된 내용을 적어놓지 않도록 합니다. 연습 용지는 시험이 종료되면 회수되므로 들고 나가지 않도록 유의합니다.

❹ 답안 제출은 신중하게 할 것

답안은 제한 시간 내에 언제든 제출할 수 있지만 한 번 제출하게 되면 더 이상의 문제풀이가 불가합니다. 안 푼 문제가 있는지 또는 맞게 표기하였는지 다시 한 번 확인합니다.

기타 사항

① 산업기사 필기시험 합격 예정자는 소정의 응시자격 서류를 지정한 기한 내에 원본으로 제출하여야 한다.

※기한 내 제출하지 않을 경우 필기시험 합격 예정 무효처리

② 응시자격 서류심사 기준일은 응시하고자 하는 종목의 필기시험 시행일로 한다.

시험안내

출제기준

필기 과목명	주요항목	세부항목	세세항목
위생안전관리	과자류 제품 생산작업 준비	개인위생 점검	• 개인위생 점검
		작업환경 점검	• 생산 전 작업장 위생 점검
		기기 도구 점검	• 기기 도구 점검
		재료 계량	• 배합표 작성 및 점검
	과자류 제품 위생안전관리	개인위생 안전관리	• 공정 중 개인위생 관리 • 교차오염 관리 • 식중독 예방관리 • 경구감염병
		환경위생 안전관리	• 작업환경 위생관리 • 미생물 관리 • 방충, 방서관리 • 이물관리
		기기위생 안전관리	• 기기위생 안전관리
		식품위생 안전관리	• 위해요소 관리 • 공정안전 관리 • 재료위생 관리 • 식품위생법규
	과자류 제품 품질관리	품질기획	• 품질관리
		품질검사	• 제품품질 평가
		품질개선	• 제품품질 개선관리
제과점 관리	과자류 제품 재료 구매관리	재료 구매관리	• 재료 구매 · 검수 • 재료 재고관리 • 밀가루 특성 • 부재료 특성 • 영양학
		설비 구매관리	• 설비관리
	매장관리	인력관리	• 인력관리 • 직업윤리
		판매관리	• 진열관리 • 판매활동 • 원가관리
		고객관리	• 고객 응대관리

머리말

최근 라이프 스타일의 변화로 간편하게 즐길 수 있는 식사 대용 빵을 소비하는 추세가 급격하게 늘어나고 있으며, 해외 디저트 브랜드 유입, 개인 디저트 전문점 증가 등 디저트 시장은 세분화 · 전문화 · 다양화되고 있다.

맛과 향뿐만 아니라 예술적 · 시각적인 요소가 점차 중요시되고 있으며, 파티시에는 자신만의 맛을 개발하여 사람들에게 기쁨을 줄 수 있다는 점이 특히 매력적이다. 이런 시대의 흐름에 따라 제과 관련 자격 직종은 많은 사람들에게 관심을 받고 있으며, 그 전망 또한 매우 밝을 것으로 예상된다.

이에 파티시에를 꿈꾸는 수험생들이 한국산업인력공단에서 실시하는 제과산업기사 자격시험에 효과적으로 대비할 수 있도록 다음과 같은 특징을 가진 도서를 출간하게 되었다.

❶ NCS 국가직무능력표준에 기반하여 출제기준을 꼼꼼히 분석하여 핵심이론을 정리하였다.
❷ 출제 가능성 높은 최종모의고사 3회분을 수록하여 실전감각을 높일 수 있도록 하였다.
❸ 2022년 첫 시행된 수시 1회 기출복원문제를 수록하였다.

이 책이 제과산업기사를 준비하는 수험생들에게 합격의 안내자로서 많은 도움이 되기를 바라면서 수험생 모두에게 합격의 영광이 함께하기를 기원하는 바이다.

편저자 씀

시험안내

개요

제과에 관한 전문 숙련기능을 가지고 제과 제조와 관련되는 업무를 수행할 수 있는 능력을 가진 전문인력을 양성하고자 자격제도를 제정하였다.

수행 직무

과자류 제품제조에 필요한 이론지식과 숙련기능을 활용하여 생산계획을 수립하고 재료 구매, 생산, 품질관리, 판매, 위생업무를 실행하는 직무를 수행한다.

시험일정

구분	필기 원서접수 (인터넷)	필기시험	필기 합격 예정자 발표	실기 원서접수	실기시험	최종 합격자 발표일
제4회	8.7 ~ 8.10	9.2 ~ 9.17	9.22	10.10 ~ 10.13	11.4 ~ 11.17	11.29

※ 상기 시험일정은 시행처의 사정에 따라 변경될 수 있으니, www.q-net.or.kr에서 확인하시기 바랍니다.

시험요강

① 시행기관 : 한국산업인력공단(www.q-net.or.kr)
② 관련 부처 : 식품의약품안전처
③ 시험과목
    ㉠ 필기 : 위생안전관리, 제과점 관리, 제과류 제품제조
    ㉡ 실기 : 과자류 제조 실무
④ 검정방법
    ㉠ 필기 : CBT(객관식 4지 택일형), 60문항(1시간 30분)
    ㉡ 실기 : 작업형(3시간 정도)
⑤ 합격기준 : 100점 만점에 60점 이상

필기 과목명	주요항목	세부항목	세세항목
	베이커리 경영	생산관리	• 수요 예측 • 생산계획 수립 • 생산일지 작성 • 제품 재고 관리
		마케팅 관리	• 고객 분석 • 마케팅
		매출손익 관리	• 손익관리 • 매출관리
제과류 제품제조	과자류 제품 재료혼합	반죽형 반죽	• 반죽형 반죽 제조
		거품형 반죽	• 거품형 반죽 제조
		퍼프 페이스트리 반죽	• 퍼프 페이스트리 반죽 제조
		부속물 제조	• 충전물, 토핑물, 장식물 제조
		다양한 반죽	• 슈, 타르트, 파이 등 제조
	과자류 제품 반죽정형	케이크류 정형	• 케이크류 정형
		쿠키류 정형	• 쿠키류 정형
		퍼프 페이스트리 정형	• 퍼프 페이스트리 정형
		다양한 정형	• 슈, 타르트, 파이 등 정형
	과자류 제품 반죽익힘	반죽익힘	• 반죽익힘 관리(굽기, 튀기기, 찌기 등)
	초콜릿 제품 만들기	초콜릿 제품 제조	• 초콜릿 원료에 대한 지식 • 초콜릿 제품 제조 및 보관
	장식케이크 만들기	장식케이크 제조	• 아이싱크림 만들기 • 완성하기
	무스케이크 만들기	무스케이크 제조	• 무스케이크 제조
	과자류 제품 포장	과자류 제품 냉각	• 냉각
		과자류 제품 마무리	• 장식 및 마무리(충전물, 성형, 시럽)
		과자류 제품 포장	• 포장재 및 포장 방법
	과자류 제품 저장유통	과자류 제품 저장 및 유통	• 실온 · 냉장 · 냉동보관 온도 및 습도관리 • 유통 시 온도관리

빨리보는 **간**단한 **키**워드

PART 01
핵심이론

CHAPTER 01 위생안전관리 ······················· 003
CHAPTER 02 제과점 관리 ························· 034
CHAPTER 03 과자류 제품제조 ····················· 063

PART 02
최종모의고사

제1회 최종모의고사 ···························· 111
제2회 최종모의고사 ···························· 132
제3회 최종모의고사 ···························· 155

PART 03
부록

2022년 수시 1회 기출복원문제 ····················· 179

빨 간 키

빨리보는 간단한 키워드

당신의 시험에 빨간불이 들어왔다면!
최다빈출키워드만 모아놓은 합격비법 핵심 요약집 빨간키와 함께하세요!
그대의 합격을 기원합니다.

CHAPTER 01 위생안전관리

개인 위생 점검

- 위생복, 위생모, 마스크, 장갑 등은 항상 청결하게 관리·착용해야 함
- 위생복은 작업 장소에서만 착용하며, 작업장 이외의 장소를 출입할 때는 그 용도에 맞는 옷으로 갈아입어야 함
- 앞치마, 고무장갑 등을 구분하여 사용하고 매 작업 종료 시 세척·소독을 실시함

작업장 청결 상태 점검

작업장 바닥	• 세척·소독이 가능한 방수성, 방습성, 내약품성, 내열성, 내구성이 있는 재질 선택 • 배수가 용이하고, 덮개를 설치하여 교차오염이 발생하지 않도록 해야 함	
창문	• 창문과 창틀 사이에 실리콘 패드, 고무 등을 부착하여 밀폐 상태를 유지함 • 증기, 수증기, 열, 먼지, 유해가스, 악취 등을 환기시키고 축적되는 것을 방지하기 위하여 환기시설을 설치해야 함 • 파리, 나방, 바퀴벌레, 개미 등의 해충 등이 들어오지 않도록 틈새가 없게 함	
조명	• 작업 환경에 따라 적절한 밝기를 유지해야 해야 함 • 식품 제조 작업장에 필요한 권장 조명도	

장소	표준 조도(lx)
원재료 하역장, 제품 보관 창고	215~323
작업 공간	592~700
제품 검사실	1,184~1,400
포장실	753~861
사무실	646~969

배합표

- 제품 생산에 필요한 각 재료, 비율, 중량을 작성한 표
- 베이커스 퍼센트(Baker's Percent)
  - 밀가루 100%를 기준으로 하여 각각의 재료를 밀가루에 대한 백분율로 표시한 것
  - 밀가루를 기준으로 소금이나 설탕의 비율을 조정하여 맛을 조절할 때 용이함

$$\text{Baker's} \% = \frac{\text{각 재료의 중량(g)}}{\text{밀가루의 중량(g)}} \times \text{밀가루의 비율(\%)}$$

- 트루 퍼센트(True Percent)
  - 제품 생산에 필요한 전체 재료에 사용된 양의 합을 100%로 나타낸 것
  - 재료의 사용량을 정확하게 알 수 있으며 원가 관리가 용이함

$$\text{True \%} = \frac{\text{각 재료의 중량(g)}}{\text{총재료의 중량(g)}} \times \text{총배합률(\%)}$$

식중독

식품 섭취로 인하여 유해한 미생물 또는 유독물질에 의하여 발생하였거나 발생한 것으로 판단되는 감염성 질환 또는 독소형 질환

식중독의 분류

대분류	중분류	소분류	원인균 및 물질
미생물	세균성	독소형	황색포도상구균, 클로스트리듐 보툴리눔, 클로스트리듐 퍼프린젠스, 바실러스 세레우스 등
		감염형	살모넬라균, 장염 비브리오균, 병원성 대장균, 캄필로박터균, 여시니아, 리스테리아 모노사이토제네스 등
	바이러스성	공기, 접촉, 물 등으로 전염	노로 바이러스, 로타 바이러스, 아데노 바이러스 등
자연독		동물성 자연독에 의한 중독	복어독, 조개독
		식물성 자연독에 의한 중독	감자독, 버섯독
		곰팡이 독소에 의한 중독	황변미독, 맥각독, 아플라톡신 등
화학물질 (인공화합물)		고의 또는 오용으로 첨가되는 유해물질	식품첨가물(유해 착색료, 유해 감미료, 유해 보존료, 유해 표백제 등)
		본의 아니게 잔류, 혼입되는 유해물질	잔류농약, 유해성 금속화합물
		제조, 가공, 저장 중에 생성되는 유해물질	나이트로소아민, 메탄올 등
		조리기구, 포장에 의한 중독	녹청, 납, 비소 등

❚ 세균성 식중독

원인균	증상 및 잠복기	원인	원인 식품	예방법
살모넬라균	• 증상 : 급성 위장염, 구토, 설사, 복통, 발열, 수양성 설사 • 잠복기 : 6~72시간	• 사람, 가축, 가금, 설치류, 애완동물, 야생동물 등 • 주요 감염원 : 닭고기	• 달걀, 식육 및 그 가공품, 가금류, 닭고기, 생채소 등 • 2차 오염된 식품에서도 식중독 발생 • 광범위한 감염원	• 62~65℃에서 20분간 가열로 사멸 • 식육의 생식을 금하고 이들에 의한 교차오염 주의 • 올바른 방법으로 달걀 취급 및 조리 • 철저한 개인 위생 준수
장염 비브리오균	• 증상 : 복통과 설사, 원발성 비브리오 패혈증 및 봉소염 • 잠복기 : 8~24시간이며 발병되면 15~20시간 지속	게, 조개, 굴, 새우, 가재, 패주 등 갑각류	• 제대로 가열되지 않거나 열처리되지 않은 어패류 및 그 가공품, 2차 오염된 도시락, 채소 샐러드 등의 복합 식품 • 오염된 어패류에 닿은 조리기구와 손가락 등을 통한 교차오염	• 어패류의 저온 보관 • 교차오염 주의 • 환자나 보균자의 분변 주의 • 60℃에서 5분, 55℃에서 10분 가열 시 사멸하므로 식품을 가열 조리
포도상구균	• 증상 : 구토와 메스꺼움, 복부 통증, 설사, 독감 증상, 구토, 근육통, 일시적인 혈압과 맥박 수의 변화 • 잠복기 : 2~4시간	• 사람 : 코, 피부, 머리카락, 감염된 상처 • 동물	• 크림이 있는 제빵류 • 샌드위치, 우유 및 유제품 • 부적절하게 재가열되거나 보온된 조리 식품 • 김밥, 초밥, 도시락, 떡, 우유 및 유제품, 가공육(햄, 소시지 등), 어육 제품 및 만두 등	• 화농성 질환이나 인두염에 걸린 사람의 식품 취급 금지 • 조리 종사자의 손 청결과 철저한 위생복 착용 • 식품 접촉 표면, 용기 및 도구의 위생적 관리
병원성 대장균	• 증상 : 구토, 설사, 복통, 발열, 발한, 혈변 • 5세 이하의 유아 및 노인, 면역체계 이상자에게 특히 위험 • 잠복기 : 4~96시간	가축(소장), 사람	• 살균되지 않은 우유 • 덜 조리된 쇠고기 및 관련 제품	• 식품, 음용수 가열 • 철저한 개인 위생관리 • 주변 환경의 청결 • 분변에 의한 식품 오염 방지
보툴리누스균	• 증상 : 초기 증상은 구토, 변비 등의 위장 장해, 탈력감, 권태감, 현기증 • 신경계의 주된 증상은 복시, 시력 저하, 언어 장애, 보행 곤란, 사망의 위험성 • 잠복기 : 12~36시간	토양, 물	pH 4.6 이상 산도가 낮은 식품을 부적절한 가열 과정을 거쳐 진공 포장한 제품(통조림, 진공 포장 팩)	적절한 병조림, 통조림 제품 사용

바실루스 세레우스	• 증상
	  – 설사형 : 복통, 설사
	  – 구토형 : 구토, 메스꺼움
	• 잠복기
	  – 설사형 : 6~15시간
	  – 구토형 : 0.5~6시간
		토양, 곡물	• 설사형 : 향신료를 사용하는 요리, 육류 및 채소의 수프, 푸딩 등
			• 구토형 : 쌀밥, 볶음밥, 국수, 시리얼, 파스타 등의 전분질 식품
				• 곡류와 채소류는 세척하여 사용
				• 조리된 음식은 5℃ 이하에서 냉장 보관
				• 저온 보존이 부적절한 김밥 같은 식품은 조리 후 바로 섭취

여시니아 엔테로 콜리티카	• 증상
	  – 설사형 : 복통, 설사
	  – 구토형 : 구토, 메스꺼움
	• 잠복기 : 24~48시간
		가축, 토양, 물	오물, 오염된 물, 돼지고기, 양고기, 쇠고기, 생우유, 아이스크림 등	• 돈육 취급 시 조리기구와 손의 세척 및 소독을 철저히 함
				• 저온 생육이 가능한 균이므로 냉장 및 냉동육과 그 제품의 유통 과정상에 주의

■ 바이러스성 식중독

원인균	증상 및 잠복기	원인	원인 식품	예방법
노로 바이러스	• 증상 : 바이러스성 장염, 메스꺼움, 설사, 복통, 구토 • 어린이, 노인과 면역력이 약한 사람에게는 탈수 증상 발생 • 잠복기 : 1~2일	• 사람의 분변, 구토물 • 오염된 물	• 샌드위치, 제빵류, 샐러드 등의 즉석조리식품(Ready-to-eat Food) • 케이크 아이싱, 샐러드 드레싱 • 오염된 물에서 채취된 패류(특히 굴)	• 철저한 개인 위생관리 • 인증된 유통업자 및 상점에서의 수산물 구입
로타 바이러스	• 증상 : 구토, 묽은 설사, 영유아에게 감염되어 설사의 원인이 됨 • 잠복기 : 1~3일	• 사람의 분변과 입으로 감염 • 오염된 물	• 물과 얼음 • 즉석조리식품 • 생채소나 과일	• 철저한 개인 위생관리 • 교차오염 주의 • 충분한 가열

■ 화학적 식중독

원인	종류	특징
고의, 오용으로 첨가되는 유해물질	유해 착색료	아우라민(황색 타르색소), 로다민B(적색의 염기성 타르색소), 실크스칼렛 등
	유해 감미료	사이클라메이트, 둘신, 나이트로톨루이딘 등
	유해 보존료	붕산, 폼알데하이드, 불소 화합물, 승홍 등
	유해 표백제	롱갈리트, 붕산, 삼염화질소 등
잔류, 혼입 등에 의한 유해물질	농약	유기인계(급성독성, 마비성 신경독성을 일으킴), 유기염소계(잔류성이 많아 만성독성을 일으킴), 카바메이트제, 유기수은제, 비소제 등
	유해 금속물질	납(중추신경장애), 카드뮴(이타이이타이병), 수은(미나마타병) 등
제조, 가공, 조리 중에 생성되는 유해물질	메틸알코올(메탄올)	주류의 발효 과정에서 생성, 시신경 장애, 실명, 두통, 구토 유발
	나이트로사민	아질산염과 아민이 산과 반응하여 발암물질 생성
	아크릴아마이드	전분이 많은 식품을 160℃ 이상 높은 온도로 가열 시 생성
	벤조피렌	태운 고기, 훈제육 제조 과정에서 발암물질 생성

■ 식중독 예방 관리
• 손 씻기 등 개인 위생관리 및 주변 환경 관리
• 교차오염 예방
• 위생교육 및 훈련 실시
• 식품을 충분히 조리하여 먹기

■ 감염병의 발생 조건
감염원(병원소), 감염경로(환경), 숙주

감염병의 분류

- 병원체에 따른 분류
  - 바이러스 : 일본뇌염, 홍역, 소아마비, 인플루엔자 등
  - 리케차 : 발진티푸스, 발진열 등
  - 세균 : 장티푸스, 콜레라, 디프테리아, 결핵, 세균성 이질 등
- 위생동물에 의한 감염병
  - 바퀴벌레 매개 질병 : 장티푸스, 콜레라, 소아마비, 세균성 이질, 파라티푸스 등
  - 쥐 매개 질병 : 페스트, 유행성 출혈열, 렙토스피라증, 발진열, 발진티푸스, 야토병 등
  - 파리 매개 질병 : 장티푸스, 파라티푸스, 콜레라, 디프테리아, 이질, 결핵 등
  - 모기 매개 질병 : 말라리아, 사상충증, 황열, 뎅기열 등
- 기생충에 의한 감염병
  - 간흡충 : 왜우렁이 → 잉어, 붕어
  - 폐흡충 : 다슬기 → 게, 가재
  - 요코가와흡충 : 다슬기 → 잉어, 은어 → 소장
  - 광절열두조충 : 물벼룩 → 연어, 숭어

인수공통감염병

- 제1급 : 탄저, 중증급성호흡기증후군, 동물인플루엔자
- 제2급 : 결핵, 장출혈성대장균감염증
- 제3급 : 일본뇌염, 브루셀라증, 공수병, 큐열
- 예방대책
  - 보균 동물의 조기 발견
  - 예방접종 실시
  - 도축장의 소독 및 사후관리 철저

법정감염병

구분	특성	종류
제1급 감염병	생물테러감염병 또는 치명률이 높거나 집단 발생 우려가 커서 음압격리와 같은 높은 수준의 격리가 필요한 감염병	두창, 페스트, 탄저, 보툴리눔독소증, 야토병, 중증급성호흡기증후군(SARS), 디프테리아, 신종인플루엔자 등
제2급 감염병	전파 가능성을 고려하여 발생 또는 유행 24시간 이내에 신고. 격리가 필요한 감염병	결핵, 홍역, 콜레라, 장티푸스, 파라티푸스, 세균성 이질, 유행성이하선염, 폴리오 등
제3급 감염병	발생을 계속 감시할 필요가 있어 발생 또는 유행 24시간 이내 신고하여야 하는 감염병	B형간염, 일본뇌염, 발진티푸스, 발진열, 렙토스피라증, 쯔쯔가무시증, 공수병, 뎅기열 등
제4급 감염병	유행 여부를 조사하기 위해 표본감시 활동이 필요한 감염병	인플루엔자, 매독, 회충증, 편충증, 요충증, 간흡충증, 폐흡충증, 장흡충증 등

▌ 경구감염병

- 감염자의 분변이나 구토물이 감염원이 되어 식품이나 식수를 통해 전염되는 질병
- 환자 발생이 폭발적으로 유행할 수 있으며, 음용수 사용을 관리하여 감염병 예방
- 치명률은 낮으나, 2차 감염이 일어날 수 있음
- 장티푸스, 세균성 이질, 파라티푸스, 콜레라, 아메바성 이질, 유행성 간염, 소아마비 등

▌ 미생물의 종류

- 세균(Bacteria) : 구균, 간균, 나선균의 형태로 나누며 2분법으로 증식
- 곰팡이(Mold) : 포자법으로 증식하며, 발효식품이나 항생물질에 이용
- 효모(Yeast) : 빵, 맥주 등을 만드는 데 사용되는 미생물로, 출아법으로 증식
- 리케차(Rickettsia) : 2분법으로 증식하고, 살아있는 세포에서만 번식
- 스피로헤타(Spirochaeta) : 단세포 식물과 다세포 식물의 중간으로 나선상의 미생물

▌ 미생물의 생육 조건

- 영양소 : 질소원(아미노산, 무기질소), 탄소원(당질), 미량원소(무기염류, 비타민 등)
- 수분 : 적절한 수분 함량은 미생물이 살아가는 데 있어 중요하며, 미생물의 종류에 따라 수분 필요량이 다름

  ※ 수분활성도(Aw) : 미생물이 이용 가능한 자유수를 나타내는 지표. 세균(0.9) > 효모(0.8) > 곰팡이(0.6)에서 생육 가능

- 온도 : 균의 종류에 따라 발육 온도가 다름

균의 종류	발육 가능 온도
저온균	0~25℃(최적 온도 15~20℃)
중온균	15~55℃(최적 온도 25~37℃)
고온균	40~70℃(최적 온도 50~60℃)

- 수소이온농도(pH)
  - pH 4.0~6.0(산성) : 효모, 곰팡이
  - pH 6.5~7.5(중성 또는 약알칼리성) : 일반 세균
  - pH 8.0~8.6(알칼리성) : 콜레라균
- 산소

균의 종류	조건
편성 호기성 세균	반드시 산소가 있어야 발육 가능한 세균
통성 호기성 세균	호기적 조건과 혐기적 조건에서 모두 발육이 가능한 세균
편성 혐기성 세균	산소가 있으면 발육이 불가능한 세균
통성 혐기성 세균	산소의 유무에 상관없이 발육하는 세균

▌ 기기 위생관리

- 소독
  - 기구, 용기 및 음식 등에 존재하는 미생물을 안전한 수준으로 감소시키는 과정
  - 소독액은 사용 방법을 숙지하여 사용하고, 미리 만들어 놓으면 효과가 떨어지므로 하루에 한 차례 이상 제조
- 소독의 종류 및 방법

종류	대상	방법
열탕 소독	식기, 행주	100℃, 5분 이상 가열
증기 소독	식기, 행주	• 100~120℃, 10분 이상 처리 • 금속제 : 100℃, 5분 • 사기류 : 80℃, 1분 • 천류 : 70℃, 25분 또는 95℃, 10분
건열 소독	스테인리스 스틸 식기	160~180℃, 30~45분
자외선 소독	소도구, 용기류	2,537Å, 30~60분 조사
화학 소독제	작업대, 기기, 도마, 과일, 채소	세제가 잔류하지 않도록 음용수로 깨끗이 씻음
염소 소독	생과일, 채소	100ppm, 5~10분 침지
	발판 소독	100ppm 이상
	용기 등의 식품 접촉면	100ppm, 1분간
아이오딘(요오드)액	기구, 용기	pH 5 이하, 실온, 25ppm, 최소 1분간 침지
알코올	손, 용기 등 표면	70% 에틸알코올을 분무하여 건조

▌ HACCP(Hazard Analysis and Critical Control Point)

- HACCP의 정의 : 식품 원료 생산에서부터 최종 소비자가 섭취하기 전까지 각 단계에서 생물학적, 화학적, 물리적 위해요소가 해당 식품에 혼입되거나 오염되는 것을 방지하기 위한 위생관리시스템
- 위해요소(Hazard)

생물학적 위해요소	원·부자재 및 공정에 내재하면서 인체의 건강을 해할 우려가 있는 리스테리아 모노사이토제네스, 대장균 O157:H7, 대장균, 대장균군, 효모, 곰팡이, 기생충, 바이러스 등
화학적 위해요소	중금속, 농약, 항생물질, 항균물질, 사용 기준 초과 식품첨가물 등
물리적 위해요소	돌 조각, 유리 조각, 쇳 조각, 플라스틱 조각, 비닐, 노끈 등

- 중요관리점 : 위해요소 중점관리기준을 적용하여 식품의 위해요소를 예방·제거하거나 허용 수준 이하로 감소시켜 해당 식품의 안전성을 확보할 수 있는 중요한 단계나 공정

• HACCP의 12단계 7원칙

단계	절차	설명	비고
1	HACCP팀 구성	HACCP을 진행할 팀을 설정하고, 수행 업무와 담당을 기재한다.	준비 단계
2	제품 설명서 작성	생산하는 제품에 대해 설명서를 작성한다. 제품명, 제품 유형 및 성상, 제조 단위, 완제품 규격, 보관 및 유통 방법, 포장 방법, 표시 사항 등이 해당한다.	
3	용도 확인	예측 가능한 사용 방법과 범위 그리고 제품에 포함된 잠재성을 가진 위해물질에 민감한 대상 소비자를 파악하는 단계이다.	
4	공정 흐름도 작성	원료 입고에서부터 완제품의 출하까지 모든 공정 단계를 파악하여 흐름을 도식화한다.	
5	공정 흐름도 현장 확인	작성된 공정 흐름도가 현장과 일치하는지를 검증하는 단계이다.	
6	위해요소 분석	원료, 제조 공정 등에 대해 생물학적, 화학적, 물리적인 위해를 분석하는 단계이다.	원칙 1
7	중요관리점(CCP) 결정	HACCP을 적용하여 식품의 위해를 방지, 제거하거나 안전성을 확보할 수 있는 단계 또는 공정을 결정하는 단계이다.	원칙 2
8	중요관리점(CCP) 한계 기준 설정	결정된 중요관리점에서 위해를 방지하기 위해 한계 기준을 설정하는 단계로, 육안 관찰이나 측정으로 현장에서 쉽게 확인할 수 있는 수치 또는 특정 지표로 나타내어야 한다(온도, 시간, 습도).	원칙 3
9	중요관리점(CCP) 모니터링 체계 확립	중요관리점에 해당되는 공정이 한계 기준을 벗어나지 않고 안정적으로 운영되도록 관리하기 위하여 종업원 또는 기계적인 방법으로 수행하는 일련의 관찰 또는 측정할 수 있는 모니터링 방법을 설정한다.	원칙 4
10	개선 조치 및 방법 수립	모니터링에서 한계 기준을 벗어날 경우 취해야 할 개선 조치를 사전에 설정하여 신속하게 대응할 수 있도록 방안을 수립한다.	원칙 5
11	검증 절차 및 방법 수립	HACCP 시스템이 적절하게 운영되고 있는지를 확인하기 위한 검증 방법을 설정하는 것이다. 현재의 HACCP 시스템이 설정한 안전성 목표를 달성하는 데 효과적인지, 관리 계획대로 실행되는지, 관리 계획의 변경 필요성이 있는지 등이 이에 해당한다.	원칙 6
12	문서화 및 기록 유지	HACCP 체계를 문서화하는 효율적인 기록 유지 및 문서 관리 방법을 설정하는 것으로, 이전에 유지 관리하고 있는 기록을 우선 검토하여 현재의 작업 내용을 쉽게 통합한 가장 단순한 것으로 한다.	원칙 7

식품첨가물

• 식품첨가물의 정의 : 식품을 제조, 가공, 조리 또는 보존하는 과정에서 감미, 착색, 표백 또는 산화 방지 등을 목적으로 식품에서 사용되는 물질

※ 식품첨가물의 규격과 사용 기준은 식품의약품안전처장이 정함

• 식품첨가물의 사용 목적
  – 식품 외관, 기호성 향상
  – 식품의 변질, 변패 방지
  – 식품의 품질을 개량하여 저장성 향상
  – 식품의 풍미 개선과 영양 강화

- 식품첨가물의 조건
  - 독성이 없고, 소량으로도 효과가 클 것
  - 사용이 편리하고 경제적일 것
  - 무미, 무취이고 자극성이 없을 것
  - 변질 미생물에 대한 증식 억제 효과가 클 것
  - 공기, 빛, 열에 안정성이 있을 것
- 식품첨가물의 종류와 용도

종류	용도
산도조절제	• 식품의 산도를 높이거나 알칼리도를 조절함 • 사과산, 탄산칼슘, 시트르산, 수산화나트륨 등
산화방지제(항산화제)	• 지방의 산패, 색상의 변화 등 산화로 인한 식품 품질 저하를 방지하며 식품의 저장기간을 연장시킴 • 다이부틸하이드록시톨루엔(BHT), 부틸하이드록시아니솔(BHA), 토코페롤(비타민 E) 등
착색제	• 식품의 색소를 부여하거나 복원하는 데 사용 • 천연 색소(동식물에서 추출한 색소), β-카로틴(치즈, 버터 등), 타르색소
발색제	• 식품의 색소를 유지, 강화시키는 데 사용 • 아질산나트륨(육류 발색), 황산 제1철, 제2철(과채류 발색)
응고제	• 과일이나 채소의 조직을 견고하게 유지시키고 겔화제와 상호작용하여 겔을 형성, 강화함
감미료	• 식품에 단맛을 부여하기 위해 사용함 • 사카린나트륨(생과자, 청량음료), D-소비톨(과일 통조림), 아스파탐(빵, 과자류) 등
밀가루 개량제	• 제빵의 품질이나 색을 증진시키기 위해 밀가루나 반죽에 추가되는 첨가물 • 과황산암모늄, 브롬산칼륨, 이산화염소 등
방부제(보존료)	• 미생물에 의한 변질을 방지하여 식품의 보존기간을 연장시킴 • 프로피온산칼슘, 프로피온산나트륨(빵, 과자류), 소브산나트륨(육제품), 디하이드로초산(버터, 치즈 등) 등
살균제	• 식품의 부패 병원균을 살균하기 위함 • 표백분(표백작용), 차아염소산나트륨(소독, 살균, 과일 소독에 사용) 등
표백제	• 원래의 색을 없애거나 퇴색을 방지하기 위함 • 과산화수소(산화제), 아황산나트륨(환원제) 등

제과점 관리

▌ 원 · 부재료의 관리

• 밀가루
  – 밀가루 단백질은 알부민(Albumin), 글로불린(Globulin), 글리아딘(Gliadin) 및 글루테닌(Glutenin)으로 이루어져 있으며, 밀가루에 물을 첨가하여 반죽을 하게 되면 글루텐을 형성함
  – 밀가루 종류와 품질 특성

종류	단백질	품질 특성
강력분	11~13.5%	반죽의 강도가 강해 제빵에 적합하며 밀가루 입자가 가장 큼
중력분	9~10%	• 반죽 형성 시간이 빠르며, 면 제조 및 다목적으로 사용됨 • 튀김 시 퍼짐성이 적고 쫄깃한 식감을 냄
박력분	7~9%	밀가루 입자가 가장 작으며 부드러워 케이크, 쿠키 등에 사용됨

• 활성 글루텐
  – 밀가루 반죽에서 전분을 제거하여 건조시킨 후 가공한 것
  – 반죽의 강도를 개선하는 데 사용하는 밀가루 개량제로 이용됨
  – 글루텐 생성 속도를 높여 반죽 시간이 단축됨
• 밀가루 전분의 호화(Gelatinization)
  – 밀가루 전분은 포도당이 여러 개로 축합되어 이루어진 중합체로 아밀로스(Amylose)와 아밀로펙틴(Amylopectin)으로 구성되어 있음
  – 전분 분자들은 수분을 흡수하면(60~80℃) 호화되기 시작하고 전분의 형태가 붕괴되면서 반투명한 점도 있는 풀이 되며, 이러한 현상을 전분의 호화(α화)라고 함
• 설탕
  – 밀가루 단백질 연화 및 부드러운 조직을 형성
  – 단맛과 독특한 향을 부여하며, 껍질 색을 형성
  – 수분 보유력을 가지고 있어 노화 지연 및 신선도를 유지
  – 쿠키의 퍼짐성을 조절
• 물 : 반죽의 되기를 조절하며, 글루텐 단백질을 결합

연수(0~60ppm)	단물이라고도 하며, 제빵에 사용 시 글루텐을 연화시켜 반죽을 연하고 끈적거리게 함
경수(180ppm 이상)	센물이라고도 하며, 제빵에 사용 시 반죽이 질겨지고 발효 시간이 길어짐
아경수(120~180ppm)	이스트의 영양물질이 되고, 글루텐을 강화

- 달걀 : 신선한 달걀은 기포 형성 시간이 길고 안정적인 반면, 신선도가 떨어지는 달걀은 기포 형성 시간은 짧고 기포 형성이 불안정함
- 유지

버터	• 우유 지방으로 제조한다. • 수분 함량이 14~17% 정도 된다. • 풍미가 우수하다. • 가소성의 범위가 좁고 융점이 낮다.
마가린	• 버터 대용품으로, 지방 약 80%를 함유한다. • 버터에 비해 가소성, 크림성이 우수하다.
쇼트닝	• 라드(돼지 기름) 대용품으로, 지방 100%이다. • 무색, 무미, 무취의 특징을 가진다. • 크림성이 우수하며, 쿠키의 바삭한 식감을 준다.

- 이스트 : 알코올 발효가 일어나며 다량의 이산화탄소를 발생시켜 빵을 부풀게 함

생이스트 (Fresh Yeast)	• 수분 함량이 68~83%이고 보존성이 낮다. • 소비기한은 냉장(0~7℃ 보관)에서 제조일로부터 2~3주이다. • 생이스트는 28~32℃, pH4.5~5.0에서 발효가 최적으로 되는 조건이 된다.
건조 이스트 (Dry Yeast)	• 수분이 7~9%로 낮고, 입자 형태로 가공시킨 것이다. • 소비기한은 미개봉 상태로 1년이다. • 건조 이스트의 4~5배 되는 양의 미지근한 물(35~43℃)에 수화시켜 사용한다.

- 소금 : 맛과 풍미를 향상시키고 이스트의 활성을 조절
- 호밀가루(Rye Flour) : 호밀가루에는 글루텐 형성 단백질인 프롤라민과 글루텔린이 밀가루 대비 30% 정도 밖에 존재하지 않으며, 글루텐 구조를 형성할 수 있는 능력이 부족해 빵이 잘 부풀지 않음
- 우유
  - 우유의 단백질은 카세인(Casein)과 유청단백질(Whey Protein)로 구분
  - 카세인은 등전점인 pH 4.6 부근에서 침전하며, 레닌에 의해 카세인의 펩타이드 결합이 분해
- 탈지분유
  - 탈지유를 건조시켜 분말화한 것으로 빵에 첨가하면 풍미를 향상시키고, 노화를 방지
  - 수분 보유력을 가지고 있으며, 제품 내부 구조에 조직감과 탄성을 부여하는 반죽 강화제로 작용
- 제빵개량제
  - 안정된 품질의 제품을 생산하기 위해 사용
  - 반죽강화제, 산화제, 환원제, 노화지연제 등을 사용
- 팽창제 : 화학 반응을 일으켜 탄산가스를 만들고, 생성된 탄산가스는 과자나 케이크 등을 부풀려 모양과 부드러운 식감을 만듦

탄산수소나트륨 (중조, 베이킹소다)	이산화탄소를 발생시키며, 알칼리성 물질이 반죽에 남아 색소에 영향을 미쳐 제품의 색상을 선명하고 진하게 만듦
베이킹파우더	탄산수소나트륨을 중화시켜 이산화탄소가스의 발생과 속도를 조절하도록 한 팽창제

▎ 탄수화물

- 탄소(C), 수소(H), 산소(O)의 3원소로 구성
- 1g당 4kcal의 에너지 발생
- 탄수화물 부족 시 지방과 단백질이 에너지원으로 사용됨

▎ 탄수화물의 분류 및 특성

- 단당류 : 더 이상 분해되지 않는 가장 단순한 당
  - 포도당(Glucose) : 탄수화물의 기본 형태로 체내에 글리코겐 형태로 저장
  - 과당(Fructose) : 용해성이 좋고 감미도가 가장 높으며, 꿀이나 과일 등에 다량 함유
  - 갈락토스(Galactose) : 유당(젖당)의 구성 성분으로 감미도가 가장 낮음
- 이당류 : 단당류 2개가 결합된 당류
  - 자당(설탕, Sucrose) : 상대적 감미도 측정 기준이 되고, 과일과 사탕수수에 다량 존재
  - 맥아당(엿당, Maltose) : 발아한 보리(엿기름) 중에 다량 함유
  - 유당(젖당, Lactose) : 포유동물의 유즙에 존재
- 올리고당류 : 3~10개의 단당류로 구성. 라피노스(Raffinose), 스타키오스(Stachyose)
- 다당류 : 단당류가 여러 개 결합된 중합체
  - 전분(녹말, Starch) : 곡류, 고구마, 감자 등에 존재하며 동식물의 에너지원으로 이용
  - 섬유소(Cellulose) : 해조류 등에 많고, 인체의 소화효소에 의해 분해되지 않는 화합물
  - 글리코겐(Glycogen) : 간이나 근육에서 합성 및 저장
  - 펙틴(Pectin) : 젤리나 잼을 만들 때 점성을 갖게 함
  - 한천(Agar) : 우뭇가사리(홍조류)에서 추출하며, 펙틴과 같은 안정제로 사용
  - 덱스트린(Dextrin) : 전분의 가수분해 중간 산물

▎ 지방

- 지방의 성질 및 기능
  - 탄소(C), 수소(H), 산소(O)로 구성된 유기화합물
  - 1g당 9kcal의 에너지 발생
  - 지용성 비타민 A, D, E, K의 흡수, 운반을 도움
- 지방의 구조

포화 지방산	• 단일결합으로 이루어진 지방산으로 동물성 유지에 다량 함유 • 융점이 높아 상온에서 고체 상태이며, 산화 안정성이 좋음
불포화 지방산	• 탄소와 탄소 결합에 이중결합이 1개 이상 있는 지방산으로 식물성 유지에 다량 함유 • 산화되기 쉽고 융점이 낮아 상온에서 액체 상태

▌ 단백질

- 수소(H), 질소(N), 산소(O) 등의 원소로 구성된 유기화합물
- 단백질의 구성 단위 물질은 아미노산
- 1g당 4kcal의 에너지 발생
- 체조직, 혈액 단백질, 효소, 호르몬 등을 구성함

▌ 비타민

- 비타민의 성질 및 기능
  - 성장과 생명 유지에 필수적인 물질
  - 탄수화물, 지방, 단백질 대사의 조효소 역할을 함
  - 신체 기능을 조절하는 조절영양소
- 수용성 비타민

비타민 B_1 (티아민)	• 탄수화물 대사의 조효소로 신경과 근육활동에 필요한 영양소 • 결핍 시 각기병, 식욕감퇴, 피로, 체온 저하, 혈압 저하 등이 나타남
비타민 B_2 (리보플라빈)	• 각종 대사에 중요한 역할을 하는 조효소의 구성 성분 • 성장 촉진작용과 피부, 점막을 보호 • 결핍 시 구내염, 구순염, 설염 등이 나타남
비타민 B_3 (나이아신)	• 생체 내에서 효소의 작용을 도와주는 조효소의 전구체 • 결핍 시 펠라그라(피부병), 구토, 빈혈, 피로감이 생김
비타민 B_6 (피리독신)	• 항피부염 인자, 단백질 대사과정에서 보조효소로 작용 • 결핍 시 피부염이 생김
비타민 B_9 (엽산)	• 아미노산, 핵산 합성에 필수적 영양소로 헤모글로빈, 적혈구 등을 생성하는 데 도움 • 결핍 시 빈혈, 장염, 설사 및 임산부 여성에게 조산, 유산 등을 일으킬 수 있음
비타민 C (아스코브산)	• 콜라겐을 합성하며, 항산화제 역할 및 혈관 노화 방지 • 결핍 시 괴혈병, 상처 회복 지연, 면역체계 손상 등이 생길 수 있음

- 지용성 비타민

비타민 A (레티놀)	• 피부의 표피세포가 원래의 기능을 유지하는 데 중요한 역할 • 탄수화물을 에너지로 전환하는 데 필요한 조효소 • 결핍 시 야맹증, 안구건조증, 피부 상피조직 각질화 등이 일어남
비타민 D (칼시페롤)	• 소장에서 칼슘과 인의 흡수를 증가시켜 골격을 형성함 • 결핍 시 구루병, 골다공증, 골연화증이 발생할 수 있음
비타민 E (토코페롤)	• 체내에서 항산화제로서 작용하여 세포막 손상, 조직 손상을 막아줌 • 결핍 시 생식 불능, 근육 위축, 신경질환, 빈혈 등이 발생할 수 있음
비타민 K (필로퀴논)	• 혈액 응고에 관여, 장내 세균이 인체 내에서 합성 • 결핍 시 골 손실을 일으키거나 혈액 응고 지연으로 출혈을 발생시킬 수 있음

▌ 무기질

- 체내에서 저장되지 않으며, 과잉 섭취 시 체외로 배출됨
- 과잉 섭취로 인한 독성 유발 가능
- 주요 무기질

나트륨(Na)	세포 외액의 양이온, 신경 자극 전달, 삼투압 조절, 산·염기 평형 등
칼륨(K)	수분·전해질·산·염기 평형 유지, 근육의 수축·이완, 단백질 합성 등
염소(Cl)	체내 삼투압 유지, 수분 평형, 수소 이온과 결합
칼슘(Ca)	골격 구성, 체내 대사 조절(혈액 응고, 신경 전달, 근육의 수축·이완 등)
마그네슘(Mg)	골격, 치아 및 효소의 구성성분

▌ 마케팅 전략

- 마케팅을 위한 환경 분석(SWOT 분석) : 4P(상품, 가격, 유통, 촉진)나 4C(고객, 비용, 편의, 의사소통) 등의 환경 분석을 통한 강점(Strength), 약점(Weakness), 기회(Opportunities), 위협(Threats) 요인을 찾아내는 방법
- 시장 세분화
  - 전략적 마케팅 계획에서 누구에게 어떤 콘셉트의 제품을 전달할 것인가를 계획하여 고객층, 즉 시장을 나누는 것
  - 변화하는 시장 수요에 적극적으로 대응하고 정확한 표적 시장을 설정하여 제품뿐만 아니라 마케팅 활동을 표적 시장에 맞게 개발
- 표적 시장 선정과 전략
  - 비차별화 마케팅 : 소비자의 선호도가 동질적일 때 대량 생산으로 원가 절감 효과를 보기 위해 사용하는 전략
  - 차별화 마케팅 : 기업의 자원이 풍부한 경우 각 세분화된 시장에 대해 차별화된 다른 마케팅 믹스를 적용하는 전략
  - 집중화 마케팅 : 시장을 세분화하고 가장 적합한 시장을 선정하여 최적의 마케팅으로 모든 역량을 집중하여 공략하는 전략

▌원가의 구성 요소

- 직접 원가
  - 직접 재료비 : 제과·제빵 주 재료비
  - 직접 노무비 : 월급, 연봉 등 임금
  - 직업 경비 : 외주 가공비
- 제조 원가
  - 간접 재료비 : 보조 재료비
  - 간접 노무비 : 급료, 수당 등
  - 간접 경비 : 감가상각비, 보험료, 수선비, 가스비, 수도·광열비 등
- 총원가 : 제조 원가에 판매 직·간접비 및 일반 관리비를 합한 원가
- 판매 원가 : 판매 가격으로서 총원가에 기업의 이익을 더한 가격

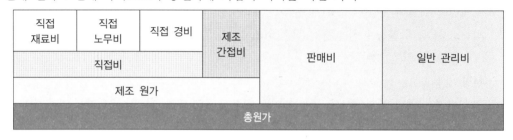

[원가의 구성]

▌손익계산서

일정 기간 동안의 기업의 경영 성과를 나타내는 재무 보고서로, 기업의 손실과 이익을 알아볼 수 있도록 계산해 놓은 표

▌원가 절감 방법

- 구매 관리, 구입 단가, 구매 시점 조절
- 원재료 입고·보관 중에 생기는 불량품을 줄여 재료 손실을 방지
- 적정 재고량을 보유함으로써 부패로 인한 재료 손실을 최소화
- 기계화, 자동화 등의 제조 방법을 개선

▌재고 관리

- 재고 관리 : 식재료의 제조 과정에 있는 것과 판매 이전에 있는 보관 중인 것
- 재고 관리를 통해 인플레이션 등 가격 변동에 대비할 수 있으며, 계절적 변동이나 수요 폭등에 대비할 수 있음
- 유동 자산 가치를 파악하고 신규 주문에 대비할 수 있음

▌ 마케팅 전략 수립 과정

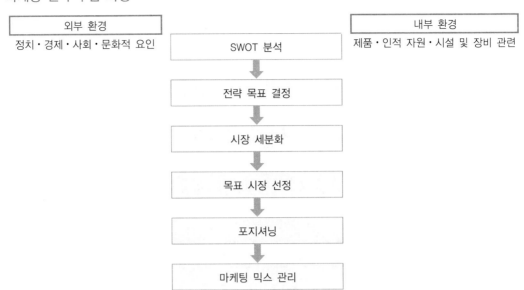

| 외부 환경 | SWOT 분석 | 내부 환경 |
| 정치·경제·사회·문화적 요인 | | 제품·인적 자원·시설 및 장비 관련 |

전략 목표 결정

시장 세분화

목표 시장 선정

포지셔닝

마케팅 믹스 관리

CHAPTER

03

과자류 제품제조

▌반죽형 반죽

크림법	유지와 설탕, 소금을 넣고 믹싱하여 크림을 만든 후 달걀을 서서히 투입하며 크림을 부드럽게 유지하도록 한 후, 체 친 밀가루와 베이킹파우더, 건조 재료를 넣고 가볍고 균일하게 혼합하여 반죽
1단계법	• 모든 재료를 한 번에 투입한 후 믹싱하는 방법 • 유화제와 베이킹파우더가 필요하며, 믹서의 성능과 화학적 팽창제를 사용하는 제품에 적당
설탕물법 (Sugar/Water Method)	• 설탕과 물(2 : 1)의 시럽을 사용하는 방법 • 계량이 편리하고 질 좋은 제품을 생산할 수 있음 • 고운 속결의 제품과 계량의 정확성, 운반의 편리성으로 대량 생산 현장에서 많이 사용 • 액당 저장공간과 이송파이프, 계량장치 등 시설비가 높아 대량 생산 공장에서 사용
블렌딩법 (Blending Method)	• 처음에 유지와 밀가루를 믹싱하여 유지가 밀가루 입자를 얇은 막으로 피복한 후 건조 재료와 액체 재료 일부를 넣어 덩어리가 생기지 않게 혼합하고, 나머지 액체 재료를 투입하여 균일하게 믹싱하는 방법 • 유연하고 부드러운 제품이나 파이 껍질을 제조할 때도 사용
복합법 (Combined Method)	• 유지를 크림화하여 밀가루를 혼합한 후 달걀 전란과 설탕을 휘핑하여 유지에 균일하게 혼합하는 방법과 달걀흰자와 달걀노른자를 분리하여 달걀노른자는 유지와 함께 크림화하고 흰자는 머랭을 올려 제조하는 방법 • 부피와 식감이 부드러움

▌반죽 온도 및 비중 조절

• 마찰 계수(Friction Factor) : 반죽을 제조할 때 반죽기의 휘퍼나 비터가 회전하며 두 표면 사이의 반죽에 의한 마찰 정도를 뜻하며, 반죽 온도에 중요한 요인이 됨

  − 마찰 계수 계산법

  > 마찰 계수 = (반죽 결과 온도 × 6) − (실내 온도 + 밀가루 온도 + 설탕 온도 + 유지 온도 + 달걀 온도 + 물 온도)

  − 사용수 온도 계산법

  > 사용수 온도 = (반죽 희망 온도 × 6) − (실내 온도 + 밀가루 온도 + 설탕 온도 + 유지 온도 + 달걀 온도 + 마찰 계수)

  − 얼음 사용량 계산법

  > 얼음 사용량 = 물 사용량 × (수돗물 온도 − 사용할 물 온도) / 80 + 수돗물 온도
  > ※ 80은 얼음의 비중값을 나타낸 수

- 비중(Specific Gravity)
  - 비중이 높으면 부피가 작고, 기공이 조밀하고 단단해지며, 무거운 제품이 됨
  - 비중이 낮으면 기공이 거칠며 부피가 커서 가벼운 제품이 됨

$$비중 = \frac{같은 \ 부피의 \ 반죽 \ 무게}{같은 \ 부피의 \ 물 \ 무게} = \frac{반죽 \ 무게 - 컵 \ 무게}{물 \ 무게 - 컵 \ 무게}$$

거품형 반죽법

공립법	더운 공립법	• 달걀과 설탕을 넣고 중탕하여 37~43℃로 데운 후 거품을 내는 방법 • 고율 배합 시 사용되며, 기포성이 양호하고 설탕의 용해도가 좋아 껍질 색이 균일
	찬 공립법	• 중탕하지 않고 달걀과 설탕을 거품 내는 방법으로 저율 배합에 적합 • 공기 포집 속도는 느리지만, 튼튼한 거품을 형성하여 베이커리에서 많이 사용
별립법		• 달걀노른자와 흰자를 분리한 뒤 각각 설탕을 넣고 따로 거품 내어 사용 • 공립법에 비해 제품의 부피가 크며 부드러운 것이 특징
시퐁법		달걀흰자와 노른자를 분리하여 노른자는 반죽형과 같은 방법으로 제조하고, 흰자는 머랭을 만들어 두 가지 반죽을 혼합하여 제조하는 방법
머랭법		달걀흰자에 설탕을 넣어서 거품을 낸 것

머랭의 종류

프렌치 머랭 (French Meringue)	달걀흰자를 거품 내다가 전분이 포함되지 않는 슈거 파우더(Sugar Powder) 또는 설탕을 조금씩 넣어 주면서 중속으로 거품을 올리는 방법
이탤리언 머랭 (Italian Meringue)	거품을 낸 달걀흰자에 115~118℃에서 끓인 설탕 시럽을 조금씩 넣어 주면서 거품을 낸 것으로 거품의 안정성이 우수하여 크림이나 무스와 같이 열을 가하지 않는 제품에 사용
스위스 머랭 (Swiss Merigue)	달걀흰자와 설탕을 믹싱 볼에 넣고 잘 혼합한 후에 43~49℃로 중탕하여 달걀흰자에 설탕이 완전히 녹으면 볼을 믹서에 옮겨 거품을 내서 만드는 것으로 각종 장식 모양을 만들 때 사용

퍼프 페이스트리

- 접이형 반죽
  - 밀가루에 물과 유지의 일부를 넣어 글루텐을 발전시켜 반죽한 후, 반죽에 충전용 유지를 넣어 밀어 펴고 접기를 반복하는 방법
  - 공정이 어려운 대신 큰 부피와 균일한 결을 얻을 수 있음
- 반죽형 반죽
  - 밀가루 위에 유지를 넣고 잘게 자르듯 혼합하여 유지가 호두 크기 정도가 되면 물을 넣어 반죽을 만들어 밀어 펴는 반죽 방법
  - 작업이 간편하나, 덧가루를 많이 사용하고 결이 균일하지 않아 단단한 제품이 되기 쉬움
- 충전용 유지 : 외부의 힘에 의해 형태가 변한 물체가 외부 힘이 없어져도 원래의 형태로 돌아오지 않는 물질의 성질, 즉 가소성 범위가 넓은 것이 작업하기에 좋음

▌ 슈(Choux) 반죽

밀가루, 물, 우유, 달걀, 소금을 주재료로 하고 화학적 팽창제 또는 탄산수소 암모늄을 첨가하기도
하며, 굽는 동안 반죽 안의 수분이 수증기로 변하여 팽창하면서 속이 비는 모양이 형성됨

▌ 초콜릿 공예 반죽

• 초콜릿 템퍼링(Tempering)
 – 카카오 버터를 미세한 결정으로 만들어 매끈한 광택의 초콜릿을 만드는 과정
 – 초콜릿의 모든 성분이 녹도록 49℃로 용해한 다음 26℃ 전후로 냉각하고 다시 적절한 온도
  (29~31℃)로 올리는 일련의 작업
 – 템퍼링을 통해 광택이 있고 입 안에서 용해성이 좋아지며, 블룸 현상을 방지할 수 있음

• 초콜릿 템퍼링 방법

대리석법 (Tabling Method)	중탕한 초콜릿의 2/3~3/4을 대리석에 부은 다음 스패출러를 이용하여 교반한 뒤 온도를 떨어트리는 방법으로, 숙련도가 필요한 작업
접종법 (Seeding Method)	중탕한 초콜릿에 잘게 자른 초콜릿을 더해 녹이면서 전체적인 온도를 내리는 방법
수냉법 (Water Bath Method)	중탕한 초콜릿에 얼음물 또는 찬물을 밑에 대고 저으면서 온도를 내리는 방법

▌ 반죽 상태에 따른 쿠키의 분류

• 반죽형 쿠키
 – 드롭 쿠키(Drop Cookies) : 소프트 쿠키라고도 하며, 달걀과 같은 액체 재료의 함량이 높은
  쿠키
 – 스냅 쿠키(Snap Cookies) : 드롭 쿠키에 비해 달걀 함량이 적어 수분 함량이 낮고 반죽을 밀어
  펴서 원하는 모양을 찍어 성형하는 쿠키. 슈거 쿠키라고도 하며, 낮은 온도에서 구워 수분 손실이
  많아 바삭바삭한 것이 특징
 – 쇼트브레드 쿠키(Shortbread Cookies) : 버터와 쇼트닝과 같은 유지 함량이 높고, 반죽을 밀어
  펴서 정형기(모양틀)로 원하는 모양을 찍어 성형. 유지 사용량이 많아 바삭하고 부드러운 것이
  특징

• 거품형 쿠키
 – 머랭 쿠키(Meringue Cookies) : 달걀흰자와 설탕을 주재료로 만들고 낮은 온도에서 건조시키는
  것처럼 착색이 지나치지 않게 구워내는 쿠키
 – 스펀지 쿠키(Sponge Cookies) : 수분 함량이 가장 높은 쿠키이며, 짜는 형태의 쿠키. 분할
  후 상온에서 건조하여 구우면 모양 형성이 더 잘 됨

슈 성형 공정 시 실패 원인

- 크기와 모양이 균일하지 않을 때 → 짜 놓은 반죽의 크기가 일정하지 않거나 간격을 너무 좁게 짰을 때 서로 퍼지며 붙게 된다.
- 부피가 작을 때 → 표면의 수분이 적정하면 껍질 형성을 지연시켜 부피를 좋게 하지만, 수분이 너무 많으면 과다한 수증기로 인해 부피가 작은 제품이 된다.
- 슈의 껍질이 불균일하게 터질 때 → 짜 놓은 반죽을 장시간 방치하면 표면이 건조되어 마른 껍질이 만들어져 굽는 동안 팽창 압력을 견디는 신장성을 잃게 된다.
- 바닥 껍질에 공간이 생길 때 → 팬 오일이 과다하면 구울 때 슈 반죽이 팬으로부터 떨어지려 하여 바닥 껍질 형성이 느리고 공간이 생긴다.

타르트 성형 공정 시 실패 원인

- 팬에 반죽을 넣을 때 밑바닥에 반죽을 밀착시켜 공기를 빼주어야 하며, 공기가 빠지지 않으면 밑바닥이 뜨는 원인이 된다.
- 타르트 반죽을 밀어 편 후 피케(Piquer)롤러(파이롤러)나 포크로 구멍을 내 주어야 빈 공간이 생기지 않는다.

파이 성형 공정 시 실패 원인

- 반죽을 너무 얇게 밀어 펴면 정형 공정 시 또는 구울 때 방출되는 증기에 의해 찢어지기 쉽고, 파치 반죽을 너무 많이 사용하면 수축되기 쉽다.
- 밀어 펴기가 부적절하거나 고르지 않아도 찢어지기 쉽다.
- 성형 작업 시 덧가루를 과도하게 사용한 반죽은 글루텐 발달에 의해 질긴 반죽이 되기 쉽다.

도넛 성형 공정 시 실패 원인

- 강력분이 들어간 케이크 도넛 반죽은 단단하여 팽창을 저해하고, 10~20분간의 플로어 타임을 주지 않으면 반죽을 단단하게 한다.
- 반죽 완료 후부터 튀김 시간 전까지의 시간이 지나치게 경과한 경우에는 부피가 작다.
- 밀어 펴기 시 두께가 일정하지 않거나 많은 양치 파치(Waster) 반죽을 밀어서 성형한 경우 모양과 크기가 균일하지 않을 수 있다.
- 밀어 펴기 시 과다한 덧가루는 튀긴 후에도 표피에 밀가루 흔적이 남아 튀긴 후 색이 고르지 않다.

▌ 굽기 중 색 변화
- 캐러멜화 반응(Caramelization)
    - 당이 녹을 정도의 고온(160℃)으로 가열하면 여러 단계의 화학 반응을 거쳐 보기 좋은 갈색으로 변하는 과정을 거친다.
    - 색깔의 변화와 당류 유도체 혼합물의 변화로 향미의 변화가 동시에 일어난다.
- 메일라드(마이야르) 반응(Maillard Reaction) : 비효소적 갈변 반응으로 당류와 아미노산, 펩타이드, 단백질 모두를 함유하고 있기 때문에 대부분의 모든 식품에서 자연 발생적으로 일어난다.

▌ 과자류 제품 반죽 튀기기
- 튀김유의 조건
    - 색이 연하고 투명하며, 광택이 있는 것
    - 냄새가 없고, 기름 특유의 원만한 맛을 가진 것
    - 가열했을 때 냄새가 없고 거품의 생성이나 연기가 나지 않을 것
    - 열 안정성이 높은 것
    - 항산화 효과가 있는 토코페롤을 다량 함유한 기름
- 튀김유의 선택
    - 튀김유는 여러 번 사용하게 되면 지질 과산화물 수치와 산가가 높아지고, 점도가 증가함
    - 정제가 잘 된 대두유, 옥수수기름, 면실유 등이 튀김유로 적합
- 튀김 시 기름 흡수에 영향을 주는 조건

기름의 온도와 가열 시간	튀김 시간이 길어질수록 흡유량이 많아짐
식품 재료의 표면적	튀기는 식품의 표면적이 클수록 흡유량이 증가
재료의 성분과 성질	• 당, 지방의 함량, 레시틴의 함량, 수분 함량이 많을 때 기름 흡수가 증가 • 달걀노른자의 레시틴은 흡유량을 증가시킴 • 박력분을 사용할 경우 강력분을 사용하는 경우보다 흡유량이 더 많음

- 튀김 기름의 가열에 의한 변화
    - 열로 인해 산패가 촉진되며, 유리지방산과 이물의 증가로 발연점이 점점 낮아진다.
    - 지방의 점도가 증가하며, 튀기는 동안 단백질이 열에 의해 분해되어 생긴 아미노산과 당이 메일라드 반응에 의해 갈색 색소를 형성하여 색이 짙어진다.
    - 튀김 기름의 경우 거품이 현상이 나타난다.

▌ 초콜릿 템퍼링(Tempering)

- 템퍼링 순서
  - 1단계 : 초콜릿을 녹여 카카오 버터가 가지고 있던 결정화를 해체시킨다.
  - 2단계 : 결정화가 신속하게 진행되는 온도로 초콜릿을 식힌다.
  - 3단계 : 안정적인 결합만이 초콜릿에 남도록 초콜릿의 온도를 다시 올린다.
  - 4단계 : 작업 진행 도중 초콜릿이 굳어지지 않도록 적정한 온도로 유지시킨다.
- 초콜릿의 블룸(Bloom) 현상
  - 초콜릿 가공 과정 중 템퍼링이 충분하지 않거나 고온, 직사광선으로 인하여 초콜릿이 녹았다가 그대로 굳으면서 생기는 현상
  - 팻 블룸(Fat Bloom) : 지방이 분리되었다가 굳으면서 얼룩이 생기는 현상
  - 슈거 블룸(Sugar Bloom) : 초콜릿의 설탕이 공기 중의 수분을 흡수해 녹았다가 재결정되어 표면에 하얗게 피는 현상

▌ 과자류 제품 포장

- 유통 과정에서 취급상 위험과 외부 환경으로부터 제품의 가치 및 상태를 보호하고 다루기 쉽도록 적합한 재료 또는 용기에 넣는 과정
- 포장의 기능

내용물 보호	물리적, 화학적, 생물적, 인위적 요인으로부터 내용물을 보호하고 제품 손상을 방지해야 함
취급의 편의	제품 생산에서부터 사용 후 폐기에 이르기까지 각 단계에서 취급하고 먹기 편하도록 사용의 편의성을 제공해야 함
판매의 촉진	제품을 차별화하고 소비자들의 구매 충동을 촉진시킴으로써 매출 증대 효과를 줌
상품의 가치 증대와 정보 제공	• 포장을 통해 상품성을 높이고, 속이 보이는 포장을 통해 소비자가 제품을 식별하도록 함 • 속이 보이지 않는 경우 내용물에 관한 상품 정보 및 전달 표시를 통해 정보력을 높임
사회적 기능과 환경친화적 기능	• 적정 포장으로 지나친 낭비를 막고 위생 안전 및 환경과 조화롭게 친화적인 포장을 추구함 • 제품의 소비기한을 별도로 표시해 신뢰성을 높임

▌ 식품의 보존 방법

- 물리적 방법
  - 건조법(탈수법)

일광 건조법	식품을 햇볕에 쬐어 말리는 방법
고온 건조법	90℃ 이상의 고온으로 건조, 보존하는 방법
열풍 건조법	가열한 공기를 식품 표면에 보내어 수분을 증발시키는 방법
배건법	직접 불에 가열하여 건조시키는 방법
동결 건조법	식품을 동결시킨 후 진공 상태에서 식품 중의 얼음 결정을 승화시켜 건조하는 방법
분무 건조법	액체 상태의 식품을 건조실 안에서 안개처럼 분무하면서 건조시키는 방법
감압 건조법	감암, 저온으로 건조시키는 방법

- 냉장·냉동법

움 저장법	10℃ 전후의 움 속에서 저장하는 방법
냉장법	0~4℃의 저온에서 식품을 한정된 기간 동안 신선한 상태로 보존하는 방법
냉동법	0℃ 이하에서 동결시켜 식품을 보존하는 방법

- 가열 살균법 : 미생물을 열처리하여 사멸시킨 후 밀봉하여 보존하는 방법으로, 영양소 파괴가 우려되나 보존성이 좋음

저온 살균법	61~65℃에서 30분간 가열 후 급랭시키는 방법
고온 살균법	95~120℃에서 30~60분간 가열하여 살균하는 방법
초고온 순간 살균법	130~140℃에서 2초간 가열 후 급랭시키는 방법

- 조사 살균법 : 자외선이나 방사선을 이용하는 방법으로 식품 품질에 영향을 미치지 않으나 식품 내부까지 살균할 수 없음

자외선 살균법	2,570nm 부근의 자외선으로 살균하는 방법
방사선 살균법	^{60}Co(코발트) 방사선으로 살균하는 방법

• 화학적 방법

염장법	10% 정도의 식염 농도에 절이는 방법
당장법	50% 정도의 설탕 농도에 절이는 방법
산 저장법(초절임법)	3~4%의 초산, 구연산, 젖산에 절이는 방법

PART

01

핵심이론

CHAPTER 01   위생안전관리

CHAPTER 02   제과점 관리

CHAPTER 03   과자류 제품제조

제과
산업기사

필 기

초단기완성

합격의 공식
SD에듀

잠깐!

자격증 · 공무원 · 금융/보험 · 면허증 · 언어/외국어 · 검정고시/독학사 · 기업체/취업

이 시대의 모든 합격! SD에듀에서 합격하세요!

www.youtube.com ➡ SD에듀 ➡ 구독

위생안전관리

제 1 절 과자류 제품 생산작업 준비

[개인 위생 점검]

① 위생복 관리 및 착용

　㉠ 위생복 관리

　　• 위생복, 위생모, 마스크, 장갑 등은 항상 청결하게 관리하여 작업 시 유해물질이 식품에
　　　오염되는 것을 방지하도록 한다.

　　• 위생복은 지정된 장소에서 갈아입고, 작업 장소에서만 착용하며, 작업장 이외의 장소를
　　　출입할 때는 그 용도에 맞는 옷으로 갈아입어야 한다.

　㉡ 위생복 조건

　　• 더러움을 쉽게 확인할 수 있도록 흰색이나 옅은 색상이 좋고, 한눈에 잘 띄며 피로감이
　　　적고 깔끔함을 나타내는 단정한 것으로 제작한다.

　　• 작업에서 발생하는 열과 땀을 잘 흡수하고 발산할 수 있는 형태나 재질이어야 한다.

　　• 작업 시 동작에 지장을 주지 않으며, 작업 능률을 높이고 피로감을 느끼지 않도록 제작
　　　되어야 한다.

　㉢ 위생복 착용

　　• 식품에 유해물질이 오염되는 것을 방지하기 위해 청결한 위생복을 착용한다.

　　• 상의, 앞치마, 위생모, 마스크, 장갑 등의 순서를 준수하여 착용한다.

　　• 식품에 머리카락이 유입되는 것을 방지하기 위해 머리카락이 외부로 노출되지 않도록
　　　위생모를 착용한다.

　　• 단정하고 편안하며 미끄러짐 등의 안전사고를 예방할 수 있는 위생화를 착용한다.

　　• 대화나 생산 시 구강 분비물로 오염되는 것을 방지하기 위해 마스크를 착용한다.

　　• 필요시 위생장갑을 착용하고, 사용 후에 바로 폐기한다.

　㉣ 장신구 착용 : 식품 취급자는 위생복을 착용하기 전에 몸에 부착된 모든 장신구(시계,
　　팔찌, 귀걸이, 목걸이 등)를 제거하고, 손톱은 작업이나 위생에 지장이 없도록 짧게 자른다.

       ◎ 장갑 및 위생화 착용

- 위생장갑은 교차오염을 예방하기 위하여 각 작업이 바뀔 때마다 교체가 필요하다.
- 찢어지거나 구멍난 장갑은 바로 교체한다.
- 장갑을 착용하고 비식품류(냉장고, 문, 전화 등) 등을 만질 때에는 반드시 종이 수건을 이용한다.
- 위생화는 미끄러지지 않는 재질을 착용한다.
- 위생화 내부에 물기가 없도록 항상 관리를 철저히 한다.

② 작업 종사자의 위생관리

       ㉠ 위생복, 위생모, 위생화 등을 항시 착용해야 한다.

       ㉡ 앞치마, 고무장갑 등을 구분하여 사용하고 매 작업 종료 시 세척, 소독을 실시한다.

       ㉢ 개인용 장신구 등을 착용하여서는 안 된다.

③ 손 관리 및 세척

       ㉠ 독소형 식중독균인 황색포도상구균은 사람의 피부, 머리카락, 화농성(곪은) 상처 등에 항상 존재하므로 손을 깨끗이 관리하여 식중독균의 오염을 방지해야 한다.

       ㉡ 화농성 상처가 있는 사람은 식품을 제조하거나 제과·제빵 작업에 참여하지 않도록 한다.

       ㉢ 식품 취급자는 손을 중성 세제나 양성비누(역성비누)로 깨끗이 씻고, 물기를 제거할 때 일회용 키친타월이나 건조기를 사용하여 청결하게 한다.

더 THE 알아보기

세척제로서 구비해야 할 조건
- 고체 표면에 액체와 접촉하여 배어드는 습윤성이 있어야 한다.
- 지방을 유화시키는 유화성이 있어야 한다.
- 단백질을 용해시키는 용해성이 있어야 한다.
- 더러움을 없앨 수 있는 분산성이 있어야 한다.
- 물을 연화시키는 경수 연화성이 있어야 한다.
- 헹구어 씻어 없애는 세정력이 있어야 한다.
- 금속 등 부식성이 없어야 한다.

[작업장 청결 상태 점검]

① 작업장 바닥

       ㉠ 바닥은 평활하고 마찰에 강하며, 쉽게 균열이 가지 않고 미끄럽지 않은 재질로 선택하여 견고하게 시공한다.

       ㉡ 바닥의 물이 배수로나 배수구로 쉽게 배출될 수 있도록 기울기가 있게 하며, 패어 있거나 물이 고이지 않게 한다.

ⓒ 바닥의 기울기는 배수성이 용이하도록 배수로 방향으로 1.5~2.0/100이 바람직하나, 작업 구역 특성마다 다를 수 있다.

ⓔ 배수구는 막히지 않도록 매일 청소 및 세척·소독을 실시한다.

ⓜ 방수성, 방습성, 내수성, 내열성, 내약품성, 항균성, 내부식성 등이 있고 세척·소독이 용이하며 틈이나 홈이 발생하지 않는 재질을 사용해야 한다.

ⓗ 배수로를 통해 교차오염되지 않도록 덮개를 설치하고, 작업장 내 안전사고를 예방하기 위해서도 덮개를 설치한다.

ⓢ 작업장 바닥 재질 : 테라초(Terrazzo), 세라믹(Ceramics) 타일, 아스팔트(Asphalt) 타일, 리놀륨(Linoleum), 플라스틱(Plastic)을 사용하는 것이 권장된다.

ⓞ 바닥 마감재의 요건
  • 먼지, 물이 고이지 않을 것
  • 먼지 등을 발생시키지 않을 것
  • 작업자의 보행이나 작업이 쉬울 것
  • 마모가 쉽게 되지 않는 내구성이 있을 것
  • 살균, 세정에 용이하도록 내약품성, 내수성을 가질 것

② 창문의 재질 및 구조
  ㉠ 내수 처리하여 물청소가 용이하고 물 등으로부터 변형되지 않는 재질을 사용한다.
  ㉡ 물 등에 부식되지 않는 내부식성 재료를 사용해야 한다.
  ㉢ 유리 파손에 의한 혼입을 방지하기 위해 필름 코팅이나 강화 유리를 사용한다.
  ㉣ 창문과 창틀 사이에 실리콘 패드, 고무 등을 부착하여 밀폐 상태를 유지한다.
  ㉤ 건물 외부에 부착된 창문은 방충·방서가 목적이며, 건물 내부의 창문은 방진이 목적이므로 작업장의 창문이 열려 있지 않도록 관리한다.

③ 환기시설
  ㉠ 증기, 수증기, 열, 먼지, 유해가스, 악취 등을 환기시키고 축적되는 것을 방지하기 위하여 환기시설이 구비되어야 한다.
  ㉡ 오염된 공기를 배출하기 위해 환풍기 등과 같은 강제 환기시설을 설치해야 한다.

④ 방충·방서 : 파리, 나방, 바퀴벌레, 개미 등의 해충, 쥐와 같은 설치류는 음식물을 통해 사람에게 직·간접적으로 기생충이나 병원균을 전파하는 매개체이므로 이들이 들어오지 않도록 벽, 천장, 바닥, 출입문, 창문 등에 틈새가 없게 한다.

⑤ 조명
  ㉠ 작업장은 충분한 조명을 갖추고 있어야 하며, 작업 환경에 따라 적절한 밝기를 유지해야 한다.

ⓒ 식품 제조 작업장에 필요한 권장 조명도

장소	표준 조도(lx)
원재료 하역장, 제품 보관 창고	215~323
작업 공간	592~700
제품 검사실	1,184~1,400
포장실	753~861
사무실	646~969

[작업대 청결 상태 점검]

① 세척제 : 기구 및 기기 등의 표면에 존재하는 음식물 찌꺼기를 제거하기 위해 사용한다.

1종 세척제	야채, 과일 등 세척
2종 세척제	음식기, 조리기구 등 식품용 기구 세척
3종 세척제	식품의 제조·가공용 기구 등 세척

② 소독제

ⓐ 기구 및 기기 등의 표면에 존재하는 미생물을 안전한 수준으로 감소시키기 위해 사용한다.

ⓑ 살균 소독제 사용 전 식품 접객용인지, 집단급식소용인지, 식품 제조·가공용인지 등을 확인하고 사용한다.

ⓒ 작업대 위에 식품 등의 이물질이 있을 경우, 막을 형성하고 있어 소독제의 효과가 떨어지므로 물과 세척제로 세척한 뒤 소독을 실시한다.

③ 소독액 희석 방법

ⓐ 염소계 살균 소독제와 4급 암모늄계 살균 소독제의 경우에는 200ppm, 아이오딘계 살균 소독제의 경우는 25ppm으로 희석하여 사용한다.

ⓑ 사용 방법은 일반적으로 침지하거나 분무한 후 자연 건조한다.

④ 소독액 만드는 방법

종류	사용 방법
차아염소산나트륨 (200ppm)	식품 접촉 기구 표면은 200ppm 정도로 소독 예 락스(유효 염소 4%)를 사용할 때 : 물 2L당 락스 5mL를 희석하면 유효 잔류 염소 농도 100ppm의 소독액이 만들어짐
	스테인리스강 제품이 아닌 경우는 고농도 염소에 의한 부식이 우려되므로 염소 100ppm 정도로 소독하는 것이 적절함
70% 알코올	예 에탄올(99%)을 사용할 때 : 에탄올 7컵 + 물 3컵 = 70% 알코올

[작업장의 온도 및 습도 관리]

① 온도 관리

　㉠ 작업장의 온도는 작업자의 근로 환경에도 많은 영향을 주지만, 제품의 품질과도 밀접한 연관이 있다.

　㉡ 작업장의 온도가 너무 높으면 과자류 반죽의 기공이 빨리 깨져 비중이 높아지고, 거친 조직을 갖게 하며 최종 제품의 볼륨이 감소할 수 있다.

　㉢ 작업장의 온도가 너무 낮으면 버터나 초콜릿 등 유지류의 경도가 높아져 크림화가 잘 되지 않고, 불균일한 조직을 가지기 쉽다.

② 습도 관리

　㉠ 작업장의 습도는 제품의 품질뿐 아니라 곰팡이, 미생물의 성장에도 밀접한 연관이 있어 작업장의 위생을 위해 반드시 관리해야 한다.

　㉡ 습도가 높으면 제품의 냉각 속도가 느려지고 수분 함량이 높아져 타르트, 쿠키, 퍼프 페이스트리처럼 바삭하게 먹는 제품의 품질 저하를 가져오게 된다.

　㉢ 습도가 너무 낮으면 케이크 시트와 크림이 건조해져서 표면이 갈라지고 시각적인 품질 저하의 원인이 된다.

[기기 및 도구 점검]

① 작업장 기기 · 도구

　㉠ 기기 : 반죽기, 오븐기, 튀김기 등과 같이 제조 과정에서 물리적, 화학적 변화를 주는 것

　㉡ 도구 : 칼, 온도계, 비중컵, 주걱, 그릇 등과 같은 것

② 기기의 종류와 특성

　㉠ 반죽기(Mixer)

수직형 믹서기	• 소규모 제과점에서 사용 • 케이크, 빵 반죽에 사용
수평형 믹서기	• 많은 양의 빵 반죽을 할 때 사용 • 반죽의 양은 반죽통 용적의 30~60%가 적당
스파이럴 믹서기	• 나선형 훅을 사용 • 프랑스빵, 독일빵 등에 사용

　㉡ 오븐

　　• 오븐은 반죽을 열과 수증기를 이용하여 굽거나 건조시키는 등의 작업을 한다.

　　• 열원에 따라 전기식, 가스식, 전자식 및 복합식 등이 있다.

• 열의 전달 방식에 따라 전도형 오븐과 대류형 오븐, 복사형 오븐으로 나눌 수 있다.

데크 오븐	• 소규모 제과점에서 많이 사용 • 윗불, 아랫불 온도 조절 가능 • 복사와 전도 방식
로터리 랙 오븐	• 컨벡션 오븐과 같이 대량의 열풍을 바람개비에 의해 대류시키는 방식 • 대량 생산에 적합, 열이 골고루 전달되고 굽는 시간 단축
터널 오븐	• 대규모 생산 공장에서 대량 생산 가능 • 반죽이 들어오는 입구와 출구가 다름
컨벡션 오븐	• 팬으로 열풍을 강제 순환하는 방식으로 굽는 오븐 • 굽는 시간이 단축됨

ⓒ 분할기 : 1차 발효 후 일정한 크기의 반죽으로 분할하는 기계

ⓔ 발효기 : 반죽의 온도와 습도를 조절하는 기계

ⓜ 파이롤러 : 반죽을 밀어 펴서 두께를 조절하는 기계

ⓗ 도(Dough, 도우) 컨디셔너 : 반죽의 냉동, 냉장, 해동, 2차 발효 상태를 자동으로 조절 가능한 기계

ⓢ 라운더 : 분할된 반죽을 둥그렇게 말아서 모양을 내는 기계

ⓞ 정형기 : 중간발효를 마친 반죽을 밀어 펴 모양을 내는 기계

③ 도구의 종류와 특성

㉠ 저울

• 배합표에 따라 재료를 계량하기 위해 저울을 사용한다.

• 용도와 용량에 따라 다양한 저울이 사용되며, 저울은 주기적인 교정을 통해 정확성과 신뢰성이 확보되어야 한다.

[저울 각 키보드의 기능]

키	기능
영점	측정판 위에 아무것도 없는데도 저울이 영점을 표시하지 않을 때 사용
용기	용기 무게를 입력하거나 입력된 용기 무게를 취소할 때 사용
홀드	흔들리는 상품을 계량할 때 약 4초간의 무게를 평균 내어 표시
ON/OFF	전원을 켜고 끄는 기능

  ⓛ 체

   • 분말 원료의 이물질 제거와 서로 다른 분말 원료 간의 고른 분산을 위하여 사용한다.

   • 메시(Mesh) 수에 따라 체 눈의 크기가 달라지며, 수가 높을수록 촘촘한 체가 된다.

  ⓒ 온도계 : 반죽의 온도는 제품의 품질에 매우 중요한 영향을 주기 때문에 반드시 온도계를
   비치하고 있어야 한다.

  ⓔ 팬(Pan)

   • 반죽을 분할하여 담는 용기를 말하며 제품의 형태를 결정하게 된다.

   • 제품의 종류에 따라 다양한 크기와 모양의 팬이 필요하며, 반죽의 특성에 따라 쉽게
   제품을 분리할 수 있도록 이형제나 이형유를 사용한다.

   • 팬의 재질에 따라 열전도율이 달라져 제품의 색상, 식감 등이 달라질 수 있다.

[재료 계량]

① 배합표 : 제품 생산에 필요한 각 재료, 비율, 중량을 작성한 표이다.

② 배합표의 종류

  ㉠ 베이커스 퍼센트(Baker's Percent)

   • 밀가루 100%를 기준으로 하여 각각의 재료를 밀가루에 대한 백분율로 표시한 것이다.

   • 밀가루를 기준으로 소금이나 설탕의 비율을 조정하여 맛을 조절할 때 용이하다.

$$\text{Baker's } \% = \frac{\text{각 재료의 중량(g)}}{\text{밀가루의 중량(g)}} \times \text{밀가루의 비율(\%)}$$

  ㉡ 트루 퍼센트(True Percent)

   • 제품 생산에 필요한 전체 재료에 사용된 양의 합을 100%로 나타낸 것이다.

   • 재료의 사용량을 정확하게 알 수 있으며 원가 관리가 용이하다.

   • 주로 대량 생산 공장에서 사용한다.

$$\text{True } \% = \frac{\text{각 재료의 중량(g)}}{\text{총 재료의 중량(g)}} \times \text{총 배합률(\%)}$$

| 제 **2** 절 | 과자류 제품 위생안전관리 |

[개인 위생안전관리]

① 개인 위생안전

   ㉠ 식품의 채취, 제조, 가공, 조리 등에 종사하는 식품 취급자들은 개인 위생관리에 신경 써야 한다.

   ㉡ 대부분의 식중독을 비롯한 식인성 병해는 식품 취급자에 의하여 발생하는 경우가 많기 때문에 개인 위생상태를 관리해야 한다.

   ㉢ 개인 위생의 중요성

     • 식품 취급자로 하여금 소비자에게 안전한 식품을 공급할 수 있는 척도가 된다.

     • 식중독 방지에 있어서 매우 중요하다.

     • 개인의 청결, 흡연, 위생복, 금지하는 행동이나 습관 등이 포함된 내용을 종사원이 쉽게 볼 수 있는 곳에 부착해 두는 것이 좋다.

② 종사자의 개인 위생관리

   ㉠ 위생복, 위생모, 위생화를 항시 착용해야 한다.

   ㉡ 앞치마, 고무장갑 등을 구분하여 사용하고, 매 작업 종료 시 세척, 소독을 실시한다.

   ㉢ 개인용 장신구 등을 착용해서는 안 된다.

   ㉣ 영업자 및 종업원에 대한 건강진단을 실시해야 한다.

   ㉤ 전염성 상처나 피부병, 염증, 설사 등의 증상을 가진 식품 매개 질병 보균자는 식품을 직접 제조, 가공 또는 취급하는 작업을 금지해야 한다.

   ㉥ 작업장 내의 지정된 장소 이외에서 식수를 포함한 음식물의 섭취 또는 비위생적인 행위를 금지해야 한다.

   ㉦ 작업 중 오염 가능성이 있는 물품과 접촉하였을 경우 세척 또는 소독 등의 필요한 조치를 취한 후 작업을 실시해야 한다.

③ 건강진단

   ㉠ 식품위생법에 따라 건강진단은 「식품위생 분야 종사자의 건강진단 규칙」이 정하는 바에 따라 받게 된다.

   ㉡ 다른 사람에게 위해를 끼칠 염려가 있는 질병이 있으면 영업에 종사하지 못하게 되고, 건강진단을 받지 않은 사람도 역시 식품 영업에 종사하지 못한다.

   ㉢ 식품 영업에 종사하는 사람은 매 1년마다 1회 이상 정기적으로 식품위생법에서 규정한 검사 항목에 대하여 건강진단을 받아야 한다.

ⓔ 설사, 발열, 구토 등 이상 증상이 있는 경우 즉시 영업자나 위생 책임자에게 보고해야 한다.

ⓜ 특히 작업 중 피부 상처, 칼 베임, 곪은 상처 등이 생기면 상처 부위에 식중독을 유발할 수 있는 황색포도상구균의 오염 가능성이 있기 때문에 식품위생 책임자의 지시에 따른다.

더THE 알아보기

올바르지 못한 개인 행동습관
• 작업 시 손으로 머리를 긁거나 입을 닦는 것
• 작업 시 시계, 반지, 장신구 등을 착용하는 것
• 손 세척 후 손의 물기를 앞치마나 위생복에 문질러 닦는 것
• 스푼으로 직접 음식을 맛보는 것 등

[식중독]

① 정의 : 식품 섭취로 인하여 유해한 미생물 또는 유독물질에 의하여 발생하였거나 발생한 것으로 판단되는 감염성 질환 또는 독소형 질환으로써 급성 위장염을 주된 증상으로 하는 건강 장해를 말한다.

② 식중독의 분류 및 특징

ⓐ 세균성 식중독

원인균	증상 및 잠복기	원인	원인 식품	예방법
살모넬라균	• 증상 : 급성 위장염, 구토, 설사, 복통, 발열, 수양성 설사 • 잠복기 : 6~72시간	• 사람, 가축, 가금, 설치류, 애완동물, 야생동물 등 • 주요 감염원 : 닭고기	• 달걀, 식육 및 그 가공품, 가금류, 닭고기, 생채소 등 • 2차 오염된 식품에서도 식중독 발생 • 광범위한 감염원	• 62~65℃에서 20분간 가열로 사멸 • 식육의 생식을 금하고 이들에 의한 교차오염 주의 • 올바른 방법으로 달걀 취급 및 조리 • 철저한 개인 위생 준수
장염 비브리오균	• 증상 : 복통과 설사, 원발성 비브리오 패혈증 및 봉소염 • 잠복기 : 8~24시간이며 발병되면 15~20시간 지속	게, 조개, 굴, 새우, 가재, 패주 등 갑각류	• 제대로 가열되지 않거나 열처리되지 않은 어패류 및 그 가공품, 2차 오염된 도시락, 채소 샐러드 등의 복합 식품 • 오염된 어패류에 닿은 조리기구와 손가락 등을 통한 교차오염	• 어패류의 저온 보관 • 교차오염 주의 • 환자나 보균자의 분변 주의 • 60℃에서 5분, 55℃에서 10분 가열 시 사멸하므로 식품을 가열 조리

원인균	증상 및 잠복기	원인	원인 식품	예방법
포도상구균	• 증상 : 구토와 메스꺼움, 복부 통증, 설사, 독감 증상, 구토, 근육통, 일시적인 혈압과 맥박수의 변화 • 잠복기 : 2~4시간	• 사람 : 코, 피부, 머리카락, 감염된 상처 • 동물	• 크림이 있는 제빵류 • 샌드위치, 우유 및 유제품 • 부적절하게 재가열되거나 보온된 조리 식품 • 김밥, 초밥, 도시락, 떡, 우유 및 유제품, 가공육 (햄, 소시지 등), 어육제품 및 만두 등	• 화농성 질환이나 인두염에 걸린 사람의 식품 취급 금지 • 조리 종사자의 손 청결과 철저한 위생복 착용 • 식품 접촉 표면, 용기 및 도구의 위생적 관리
병원성 대장균	• 증상 : 구토, 설사, 복통, 발열, 발한, 혈변 • 5세 이하의 유아 및 노인, 면역체계 이상자에게 특히 위험 • 잠복기 : 4~96시간	가축(소장), 사람	• 살균되지 않은 우유 • 덜 조리된 쇠고기 및 관련 제품	• 식품, 음용수 가열 • 철저한 개인 위생관리 • 주변 환경의 청결 • 분변에 의한 식품 오염 방지
보툴리누스 균	• 증상 : 초기 증상은 구토, 변비 등의 위장 장해, 탈력감, 권태감, 현기증 • 신경계의 주된 증상은 복시, 시력 저하, 언어장애, 보행 곤란, 사망의 위험성 • 잠복기 : 12~36시간	토양, 물	pH 4.6 이상 산도가 낮은 식품을 부적절한 가열 과정을 거쳐 진공 포장한 제품(통조림, 진공 포장 팩)	적절한 병조림, 통조림 제품 사용
바실루스 세레우스	• 증상 　- 설사형 : 복통, 설사 　- 구토형 : 구토, 메스꺼움 • 잠복기 　- 설사형 : 6~15시간 　- 구토형 : 0.5~6시간	토양, 곡물	• 설사형 : 향신료를 사용하는 요리, 육류 및 채소의 수프, 푸딩 등 • 구토형 : 쌀밥, 볶음밥, 국수, 시리얼, 파스타 등의 전분질 식품	• 곡류와 채소류는 세척하여 사용 • 조리된 음식은 5℃ 이하에서 냉장 보관 • 저온 보존이 부적절한 김밥 같은 식품은 조리 후 바로 섭취
여시니아 엔테로 콜리티카	• 증상 　- 설사형 : 복통, 설사 　- 구토형 : 구토, 메스꺼움 • 잠복기 : 24~48시간	가축, 토양, 물	오물, 오염된 물, 돼지고기, 양고기, 쇠고기, 생우유, 아이스크림 등	• 돈육 취급 시 조리기구와 손의 세척 및 소독을 철저히 함 • 저온 생육이 가능한 균이므로 냉장 및 냉동육과 그 제품의 유통 과정 상에 주의

ⓒ 바이러스성 식중독

원인균	증상 및 잠복기	원인	원인 식품	예방법
노로 바이러스	• 증상 : 바이러스성 장염, 메스꺼움, 설사, 복통, 구토 • 어린이, 노인과 면역력이 약한 사람에게는 탈수 증상 발생 • 잠복기 : 1~2일	• 사람의 분변, 구토물 • 오염된 물	• 샌드위치, 제빵류, 샐러드 등의 즉석조리식품(Ready-to-eat Food) • 케이크 아이싱, 샐러드 드레싱 • 오염된 물에서 채취된 패류(특히 굴)	• 철저한 개인 위생관리 • 인증된 유통업자 및 상점에서의 수산물 구입
로타 바이러스	• 증상 : 구토, 묽은 설사, 영유아에게 감염되어 설사의 원인이 됨 • 잠복기 : 1~3일	• 사람의 분변과 입으로 감염 • 오염된 물	• 물과 얼음 • 즉석조리식품 • 생채소나 과일	• 철저한 개인 위생관리 • 교차오염 주의 • 충분한 가열

③ 식중독 예방 3대 요령

ⓐ 손 씻기 : 비누 등의 세정제를 사용하여 손가락 사이, 손등까지 골고루 흐르는 물로 30초 이상 씻는다.

ⓑ 익혀 먹기 : 음식물은 중심부 온도가 85℃, 1분 이상 조리하여 속까지 충분히 익혀 먹는다.

ⓒ 끓여 먹기 : 물은 끓여서 먹는다.

④ 식중독 예방 관리 : 개인 위생관리, 교차오염 예방, 주변 환경관리, 위생교육 및 훈련 실시

⑤ 식중독 발생 시 조치 방법

ⓐ 현장 조치
• 건강진단 미실시자, 질병에 걸린 환자 조리 업무 중지
• 영업 중단
• 오염 시설 사용 중지 및 현장 보존

ⓑ 후속 조치
• 질병에 걸린 환자 치료 및 휴무 조치
• 추가 환자 정보 제공
• 시설 개선 즉시 조치
• 전처리, 조리, 보관, 해동 관리 철저

ⓒ 사후 예방
• 작업 전 종사자의 건강상태 확인
• 주기적인 종사자 건강진단 실시
• 위생교육 및 훈련 강화
• 조리 위생수칙 준수
• 시설, 기구 등 주기적인 위생상태 확인

더THE 알아보기

식중독 사고 위기 대응 단계(4단계)
- 관심(Blue) 단계
  - 소규모 식중독이 다수 발생하거나 식중독 확산 우려가 있는 경우
  - 특정 시설에서 연속 혹은 간헐적으로 5건 이상 또는 50인 이상의 식중독 환자가 발생하는 경우
  - 신속한 식중독 원인 조사 실시, 발생 업소 소독 및 추가 환자 발생 여부 모니터링
  - 감염원, 감염 경로 조사 분석, 식중독 발생 확산 여부 검토 및 대응, 식품의약품안전처 원인 조사반 출동
- 주의(Yellow) 단계
  - 여러 시설에서 동시다발적으로 환자가 발생할 우려가 높거나 발생하는 경우
  - 동일한 식재료 업체나 위탁 급식업체가 납품·운영하는 여러 급식소에서 환자가 동시 발생
  - 위기대책본부 가동, 식중독 '주의' 경보 발령, 급식 위생관리 강화, 의심 식자재 사용 자제 요청, 추적 조사, 조사 진행사항 및 예방수칙 등 언론 보도
- 경계(Orange) 단계
  - 전국에서 동시에 원인 불명의 식중독 확산
  - 특정 시설에서 전체 급식 인원의 50% 이상 환자 발생
  - 대국민 식중독 '경계' 경보 발령, 의심 식자재 잠정 사용 중단 조치, 관계 기관 대응 조치 강화 및 홍보
- 심각(Red) 단계
  - 식품 테러, 천재지변 등으로 대규모 환자 또는 사망자 발생
  - 독극물 등 식품 테러로 인한 식재료 오염으로 대규모 환자나 사망자가 발생할 우려가 있는 경우
  - 대국민 식중독 '심각' 경보 발령, 의심 식재료 회수 폐기, 관계 기관 위기 대응, 긴급 구호물자 공급 등

[경구감염병]

① 감염자의 분변이나 구토물이 감염원이 되어 식품이나 식수를 통해 전염되는 질병이다.
② 동일한 물을 많은 사람들이 함께 사용하므로(음용수) 환자 발생이 폭발적으로 유행할 수 있다.
③ 음용수 사용을 관리하여 감염병을 예방할 수 있다.
④ 치명률은 낮으나, 2차 감염이 일어날 수 있다.
⑤ 장티푸스, 세균성 이질, 파라티푸스, 콜레라, 아메바성 이질, 유행성 간염, 소아마비 등이 있다.
⑥ 경구감염병과 세균성 식중독의 비교

구분	경구감염병	세균성 식중독
균량	미량	다량
독성	강함	약함
잠복기	긺	비교적 짧음
2차 감염	많음	없거나 거의 적음
면역	면역이 생김	면역성이 거의 없음
예방 가능성	예방이 어려움	예방이 가능함

[작업환경 위생안전관리 지침서의 내용]

① 작업장 주변 관리
② 작업장 및 매장의 온·습도 관리
③ 화장실 및 탈의실 관리
④ 방충·방서 관리
⑤ 전기·가스·조명 관리
⑥ 폐기물 및 폐수 처리시설 관리
⑦ 시설·설비 위생관리

[작업장 위생안전관리]

① 작업장
　ㄱ 내수성, 내열성, 내약품성, 항균성, 내부식성 등이 있으며 세척, 소독이 용이해야 한다.
　ㄴ 틈, 구멍이 발생되지 않도록 관리한다.
　ㄷ 필요한 경우를 제외하고 마른 상태를 유지한다.
　ㄹ 배수로를 통한 교차오염 및 안전사고 예방을 위해 덮개를 설치한다.

② 바닥, 벽, 천장
　ㄱ 내구성 및 내구성이 있으며, 평활하고 세정이 용이해야 한다.
　ㄴ 바닥, 벽, 천장의 이음새에 틈이 없고, 바닥의 모서리는 구배를 주어야 한다.

③ 환기시설 : 오염된 공기(수증기, 먼지, 악취, 유해가스 등)는 환기시설로 배출시켜야 한다.

④ 방충·방서 관리
　ㄱ 해충이 침입하지 못하도록 출입문, 창문, 벽, 천장 등에 방충망을 설치한다.
　ㄴ 작업장 내부에는 트랩 등을 설치하고, 작업장 및 작업장 주변에 대한 방역을 실시한다.

[미생물의 종류]

① 세균(Bacteria) : 구균, 간균, 나선균의 형태로 나누며 이분법으로 증식한다.

② 곰팡이(Mold) : 진균류 중에서 균사체를 발육기관으로 하는 것으로 포자법으로 증식하며, 발효식품이나 항생물질에 이용된다.

③ 효모(Yeast) : 빵, 맥주 등을 만드는 데 사용되는 미생물로 곰팡이와 세균의 중간 크기이며, 출아법으로 증식한다.

④ 리케차(Rickettsia) : 세균과 바이러스의 중간에 속하며 이분법으로 증식하고, 살아있는 세포에서만 번식한다.

⑤ 스피로헤타(Spirochaeta) : 단세포 식물과 다세포 식물의 중간으로 나선상의 미생물이다.

[미생물 생육 조건]

① **영양소** : 질소원(아미노산, 무기질소), 탄소원(당질), 미량원소(무기염류, 비타민 등)와 같은 영양소는 미생물 발육과 증식에 필요하다.

② **수분** : 적절한 수분 함량은 미생물이 살아가는 데 있어 중요하며, 미생물의 종류에 따라 수분 필요량이 다르다.

    ㉠ 자유수와 결합수

자유수	결합수
• 100℃에서 끓고, 0℃에서 어는 특징이 있다. • 식품에서 쉽게 제거하여 건조시킬 수 있다. • 미생물의 증식, 가수분해 반응 등에 자유롭게 사용된다. • 표면장력과 점성이 높다. • 수용성 전해질을 녹이는 용매 역할을 한다.	• 0℃ 이하에서도 잘 얼지 않는다. • 여러 이온기가 결합되어 있어 100℃에서도 잘 제거되지 않는다. • 미생물의 증식, 생육과 효소 반응 등에 사용되지 못한다. • 수용성 물질의 용매로 작용하지 못한다. • 식품 조직 내에 존재할 경우 압력을 가해도 제거하지 못한다.

    ㉡ 수분활성도(Aw)

      • 미생물이 이용 가능한 자유수를 나타내는 지표

      • 세균(0.9) > 효모(0.8) > 곰팡이(0.6)에서 생육 가능

③ **온도** : 균의 종류에 따라 발육 온도가 다르다.

균의 종류	발육 가능 온도
저온균	0~25℃(최적 온도 15~20℃)
중온균	15~55℃(최적 온도 25~37℃)
고온균	40~70℃(최적 온도 50~60℃)

④ **수소이온농도(pH)**

    ㉠ 물질의 산성, 알칼리성 정도를 나타내는 수치로, 수소이온 활동의 척도이다.

    ㉡ 곰팡이는 pH 2.0~8.5, 효모는 pH 4.5~8.5의 산성 영역에서, 세균은 pH 6.5~7.5의 중성 또는 약알칼리성에서 잘 발육한다.

⑤ **산소** : 미생물 생육에 산소를 필요로 하는 것과 필요하지 않은 경우가 있다.

균의 종류	조건
편성 호기성 세균	반드시 산소가 있어야 발육할 수 있다.
통성 호기성 세균	자유산소를 이용하며 산소의 유무와 상관없이 증식 가능하다.
편성 혐기성 세균	산소가 있으면 발육에 장해를 받는다.
통성 혐기성 세균	결합산소를 이용하며 산소의 유무와 상관없이 증식 가능하다.

[기기 위생관리]

① 기기 관리
ᄀ 보유하고 있는 기기에 대한 관리 사항과 기기에 대한 세부 내역을 기록하여 관리한다.
ᄂ 기기의 품명, 용도, 제작 일자와 구입한 날짜, 제작 회사, 작동 방법, 관리 방법, A/S, 기기 성능 등의 사항을 기록하여 관리한다.

② 기기 세척 관리
ᄀ 세척은 기구 및 용기의 표면을 세제를 사용하여 때와 음식물을 제거하는 작업 과정이다.
ᄂ 세제 사용 시 세제의 용도, 효율성과 안전성을 고려하여 구입하고, 사용 방법을 숙지하여 사용한다.
ᄃ 세제를 임의대로 섞어 사용하지 않도록 하고, 안전한 장소에 식품과 구분하여 보관한다.
ᄅ 세제의 종류 및 용도

종류	용도
일반 세제(비누, 합성 세제)	거의 모든 용도의 세척
솔벤트	가스레인지 등의 음식이 직접 닿지 않는 곳의 묵은 때 제거
산성 세제	세척기의 광물질, 세척 찌꺼기 제거
연마제	바닥, 천장 등의 청소

③ 소독
ᄀ 기구, 용기 및 음식 등에 존재하는 미생물을 안전한 수준으로 감소시키는 과정이다.
ᄂ 소독액은 사용 방법을 숙지하여 사용하고, 미리 만들어 놓으면 효과가 떨어지므로 하루에 한 차례 이상 제조한다.
ᄃ 자외선 소독기는 자외선이 닿는 면만 균이 죽을 수 있으므로 칼의 아랫면, 컵의 겹쳐진 부분과 안쪽은 전혀 살균이 되지 않는다.
ᄅ 자외선 살균기 내·외부는 이물 등이 제거되어 있어야 하고, 소독기 내 기구들이 겹침 없이 관리되어야 한다.

[소독의 종류 및 방법]

종류		대상	방법
열탕 소독		식기, 행주	100℃, 5분 이상 가열
증기 소독		식기, 행주	• 100~120℃, 10분 이상 처리 • 금속제 : 100℃, 5분 • 사기류 : 80℃, 1분 • 천류 : 70℃, 25분 또는 95℃, 10분
건열 소독		스테인리스 스틸 식기	160~180℃, 30~45분
자외선 소독		소도구, 용기류	2,537Å, 30~60분 조사
화학 소독제		작업대, 기기, 도마, 과일, 채소	세제가 잔류하지 않도록 음용수로 깨끗이 씻음
	염소 소독	생과일, 채소	100ppm, 5~10분 침지
		발판 소독	100ppm 이상
		용기 등의 식품 접촉면	100ppm, 1분간
	아이오딘(요오드)액	기구, 용기	pH 5 이하, 실온, 25ppm, 최소 1분간 침지
	알코올	손, 용기 등 표면	70% 에틸알코올을 분무하여 건조

➕ 더THE 알아보기

희석 농도 계산

$$희석 \ 농도(ppm) = \frac{소독액의 \ 양(mL)}{물의 \ 양(mL)} \times 유효 \ 잔류 \ 염소 \ 농도(\%)$$

예 물 2L에 락스를 넣어 100ppm의 소독액을 만들려면 락스가 얼마나 필요한가?(단, 락스의 유효 잔류 염소 농도는 4%, 1% = 10,000ppm이다)

$$100(ppm) = \frac{x(mL)}{2,000(mL)} \times 4 \times 10,000(ppm)$$

$$\therefore \ x = 5mL$$

100ppm의 소독액을 만들기 위해 필요한 락스는 5mL이다.

[식품위생법의 목적 및 정의]

① 식품위생법의 목적(법 제1조) : 식품으로 인하여 생기는 위생상의 위해(危害)를 방지하고 식품영양의 질적 향상을 도모하며 식품에 관한 올바른 정보를 제공함으로써 국민 건강의 보호·증진에 이바지함을 목적으로 한다.

② 식품위생의 정의(법 제2조)

　㉠ "식품"이란 모든 음식물(의약으로 섭취하는 것은 제외)을 말한다.

　㉡ "식품첨가물"이란 식품을 제조·가공·조리 또는 보존하는 과정에서 감미(甘味), 착색(着色), 표백(漂白) 또는 산화방지 등을 목적으로 식품에 사용되는 물질을 말한다. 이 경우 기구(器具)·용기·포장을 살균·소독하는 데에 사용되어 간접적으로 식품으로 옮아갈

수 있는 물질을 포함한다.

ⓒ "화학적 합성품"이란 화학적 수단으로 원소(元素) 또는 화합물에 분해 반응 외의 화학 반응을 일으켜서 얻은 물질을 말한다.

ⓔ "기구"란 다음의 어느 하나에 해당하는 것으로서 식품 또는 식품첨가물에 직접 닿는 기계・기구나 그 밖의 물건(농업과 수산업에서 식품을 채취하는 데에 쓰는 기계・기구나 그 밖의 물건 및 위생용품은 제외)을 말한다.

- 음식을 먹을 때 사용하거나 담는 것
- 식품 또는 식품첨가물을 채취・제조・가공・조리・저장・소분[(小分) : 완제품을 나누어 유통을 목적으로 재포장하는 것을 말함]・운반・진열할 때 사용하는 것

ⓜ "용기・포장"이란 식품 또는 식품첨가물을 넣거나 싸는 것으로서 식품 또는 식품첨가물을 주고받을 때 함께 건네는 물품을 말한다.

ⓗ "위해"란 식품, 식품첨가물, 기구 또는 용기・포장에 존재하는 위험요소로서 인체의 건강을 해치거나 해칠 우려가 있는 것을 말한다.

ⓢ "영업"이란 식품 또는 식품첨가물을 채취・제조・가공・조리・저장・소분・운반 또는 판매하거나 기구 또는 용기・포장을 제조・운반・판매하는 업(농업과 수산업에 속하는 식품채취업은 제외. 이하 "식품제조업 등"이라 함)을 말한다. 이 경우 공유주방을 운영하는 업과 공유주방에서 식품제조업 등을 영위하는 업을 포함한다.

ⓞ "영업자"란 영업허가를 받은 자나 영업신고를 한 자 또는 영업등록을 한 자를 말한다.

ⓩ "식품위생"이란 식품, 식품첨가물, 기구 또는 용기・포장을 대상으로 하는 음식에 관한 위생을 말한다.

ⓒ "집단급식소"란 영리를 목적으로 하지 아니하면서 특정 다수인에게 계속하여 음식물을 공급하는 다음의 어느 하나에 해당하는 곳의 급식시설로서 대통령령으로 정하는 시설을 말한다.

- 기숙사
- 학교, 유치원, 어린이집
- 병원
- 사회복지시설
- 산업체
- 국가, 지방자치단체 및 공공기관
- 그 밖의 후생기관 등

ⓚ "식품이력추적관리"란 식품을 제조・가공단계부터 판매단계까지 각 단계별로 정보를 기록・관리하여 그 식품의 안전성 등에 문제가 발생할 경우 그 식품을 추적하여 원인을 규명하고 필요한 조치를 할 수 있도록 관리하는 것을 말한다.

ⓔ "식중독"이란 식품 섭취로 인하여 인체에 유해한 미생물 또는 유독물질에 의하여 발생하였거나 발생한 것으로 판단되는 감염성 질환 또는 독소형 질환을 말한다.

ⓟ "집단급식소에서의 식단"이란 급식대상 집단의 영양섭취기준에 따라 음식명, 식재료, 영양성분, 조리 방법, 조리인력 등을 고려하여 작성한 급식계획서를 말한다.

[식품 또는 식품첨가물에 관한 기준 및 규격]

① 위해식품 등의 판매 등 금지(법 제4조) : 누구든지 다음의 어느 하나에 해당하는 식품 등을 판매하거나 판매할 목적으로 채취·제조·수입·가공·사용·조리·저장·소분·운반 또는 진열하여서는 아니 된다.
　ㄱ 썩거나 상하거나 설익어서 인체의 건강을 해칠 우려가 있는 것
　ㄴ 유독·유해물질이 들어 있거나 묻어 있는 것 또는 그러할 염려가 있는 것. 다만, 식품의약품안전처장이 인체의 건강을 해칠 우려가 없다고 인정하는 것은 제외한다.
　ㄷ 병(病)을 일으키는 미생물에 오염되었거나 그러할 염려가 있어 인체의 건강을 해칠 우려가 있는 것
　ㄹ 불결하거나 다른 물질이 섞이거나 첨가(添加)된 것 또는 그 밖의 사유로 인체의 건강을 해칠 우려가 있는 것
　ㅁ 안전성 심사 대상인 농·축·수산물 등 가운데 안전성 심사를 받지 아니하였거나 안전성 심사에서 식용(食用)으로 부적합하다고 인정된 것
　ㅂ 수입이 금지된 것 또는 수입신고를 하지 아니하고 수입한 것
　ㅅ 영업자가 아닌 자가 제조·가공·소분한 것

② 병든 동물 고기 등의 판매 등 금지(법 제5조) : 누구든지 총리령으로 정하는 질병에 걸렸거나 걸렸을 염려가 있는 동물이나 그 질병에 걸려 죽은 동물의 고기·뼈·젖·장기 또는 혈액을 식품으로 판매하거나 판매할 목적으로 채취·수입·가공·사용·조리·저장·소분 또는 운반하거나 진열하여서는 아니 된다.

③ 기준·규격이 정하여지지 아니한 화학적 합성품 등의 판매 등 금지(법 제6조) : 누구든지 다음의 어느 하나에 해당하는 행위를 하여서는 아니 된다.
　ㄱ 기준·규격이 정하여지지 아니한 화학적 합성품인 첨가물과 이를 함유한 물질을 식품첨가물로 사용하는 행위
　ㄴ 기준·규격이 정하여지지 아니한 식품첨가물이 함유된 식품을 판매하거나 판매할 목적으로 제조·수입·가공·사용·조리·저장·소분·운반 또는 진열하는 행위

④ 식품 또는 식품첨가물에 관한 기준 및 규격(법 제7조)

　㉠ 식품의약품안전처장은 국민 건강을 보호·증진하기 위하여 필요하면 판매를 목적으로 하는 식품 또는 식품첨가물에 관한 다음의 사항을 정하여 고시한다.

　　• 제조·가공·사용·조리·보존 방법에 관한 기준

　　• 성분에 관한 규격

　㉡ 식품의약품안전처장은 ㉠에 따라 기준과 규격이 고시되지 아니한 식품 또는 식품첨가물의 기준과 규격을 인정받으려는 자에게 ㉠의 사항을 제출하게 하여 식품의약품안전처장이 지정한 식품전문 시험·검사기관 또는 총리령으로 정하는 시험·검사기관의 검토를 거쳐 ㉠에 따른 기준과 규격이 고시될 때까지 그 식품 또는 식품첨가물의 기준과 규격으로 인정할 수 있다.

　㉢ 수출할 식품 또는 식품첨가물의 기준과 규격은 ㉠ 및 ㉡에도 불구하고 수입자가 요구하는 기준과 규격을 따를 수 있다.

　㉣ 기준과 규격이 정하여진 식품 또는 식품첨가물은 그 기준에 따라 제조·수입·가공·사용·조리·보존하여야 하며, 그 기준과 규격에 맞지 아니하는 식품 또는 식품첨가물은 판매하거나 판매할 목적으로 제조·수입·가공·사용·조리·저장·소분·운반·보존 또는 진열하여서는 아니 된다.

⑤ 권장규격(법 제7조의2제1항) : 식품의약품안전처장은 판매를 목적으로 하는 기준 및 규격이 설정되지 아니한 식품 등이 국민 건강에 위해를 미칠 우려가 있어 예방조치가 필요하다고 인정하는 경우에는 그 기준 및 규격이 설정될 때까지 위해 우려가 있는 성분 등의 안전관리를 권장하기 위한 규격을 정할 수 있다.

［ 기구와 용기·포장 ］

① 유독기구 등의 판매·사용 금지(법 제8조) : 유독·유해물질이 들어 있거나 묻어 있어 인체의 건강을 해칠 우려가 있는 기구 및 용기·포장과 식품 또는 식품첨가물에 직접 닿으면 해로운 영향을 끼쳐 인체의 건강을 해칠 우려가 있는 기구 및 용기·포장을 판매하거나 판매할 목적으로 제조·수입·저장·운반·진열하거나 영업에 사용하여서는 아니 된다.

② 기구 및 용기·포장에 관한 기준 및 규격(법 제9조)

　㉠ 식품의약품안전처장은 국민보건을 위하여 필요한 경우에는 판매하거나 영업에 사용하는 기구 및 용기·포장에 관하여 다음의 사항을 정하여 고시한다.

　　• 제조 방법에 관한 기준

　　• 기구 및 용기·포장과 그 원재료에 관한 규격

ⓒ 식품의약품안전처장은 ㉠에 따라 기준과 규격이 고시되지 아니한 기구 및 용기·포장의 기준과 규격을 인정받으려는 자에게 ㉠의 사항을 제출하게 하여 식품의약품안전처장이 지정한 식품전문 시험·검사기관 또는 총리령으로 정하는 시험·검사기관의 검토를 거쳐 기준과 규격이 고시될 때까지 해당 기구 및 용기·포장의 기준과 규격으로 인정할 수 있다.

ⓒ 수출할 기구 및 용기·포장과 그 원재료에 관한 기준과 규격은 ㉠ 및 ㉡에도 불구하고 수입자가 요구하는 기준과 규격을 따를 수 있다.

ⓔ 기준과 규격이 정하여진 기구 및 용기·포장은 그 기준에 따라 제조하여야 하며, 그 기준과 규격에 맞지 아니한 기구 및 용기·포장은 판매하거나 판매할 목적으로 제조·수입·저장·운반·진열하거나 영업에 사용하여서는 아니 된다.

[식품 등의 공전]

① 식품 등의 공전(법 제14조) : 식품의약품안전처장은 다음의 기준 등을 실은 식품 등의 공전을 작성·보급하여야 한다.

　ㄱ 식품 또는 식품첨가물의 기준과 규격

　ㄴ 기구 및 용기·포장의 기준과 규격

② 식품위생감시원(법 제32조)

　ㄱ 관계 공무원의 직무와 그 밖에 식품위생에 관한 지도 등을 하기 위하여 식품의약품안전처(대통령령으로 정하는 그 소속 기관을 포함), 특별시·광역시·특별자치시·도·특별자치도(이하 "시·도"라 함) 또는 시·군·구(자치구를 말함)에 식품위생감시원을 둔다.

　ㄴ 식품위생감시원의 자격·임명·직무범위, 그 밖에 필요한 사항은 대통령령으로 정한다.

[영업]

① 시설기준(법 제36조)

　ㄱ 다음의 영업을 하려는 자는 총리령으로 정하는 시설기준에 맞는 시설을 갖추어야 한다.

　　• 식품 또는 식품첨가물의 제조업, 가공업, 운반업, 판매업 및 보존업

　　• 기구 또는 용기·포장의 제조업

　　• 식품접객업

　　• 공유주방 운영업(여러 영업자가 함께 사용하는 공유주방을 운영하는 경우로 한정)

　ㄴ ㉠에 따른 시설은 영업을 하려는 자별로 구분되어야 한다. 다만, 공유주방을 운영하는 경우에는 그러하지 아니하다.

ⓒ ㉠에 따른 영업의 세부 종류와 그 범위는 대통령령으로 정한다.

② 건강진단(법 제40조)

　㉠ 총리령으로 정하는 영업자 및 그 종업원은 건강진단을 받아야 한다. 다만, 다른 법령에 따라 같은 내용의 건강진단을 받는 경우에는 이 법에 따른 건강진단을 받은 것으로 본다.

　㉡ 건강진단을 받은 결과 타인에게 위해를 끼칠 우려가 있는 질병이 있다고 인정된 자는 그 영업에 종사하지 못한다.

　㉢ 영업자는 건강진단을 받지 아니한 자나 건강진단 결과 타인에게 위해를 끼칠 우려가 있는 질병이 있는 자를 그 영업에 종사시키지 못한다.

　㉣ 건강진단의 실시 방법 등과 타인에게 위해를 끼칠 우려가 있는 질병의 종류는 총리령으로 정한다.

③ 식품위생교육(법 제41조)

　㉠ 대통령령으로 정하는 영업자 및 유흥종사자를 둘 수 있는 식품접객업 영업자의 종업원은 매년 식품위생에 관한 교육(이하 "식품위생교육"이라 함)을 받아야 한다.

　㉡ ①에 따른 영업을 하려는 자는 미리 식품위생교육을 받아야 한다. 다만, 부득이한 사유로 미리 식품위생교육을 받을 수 없는 경우에는 영업을 시작한 뒤에 식품의약품안전처장이 정하는 바에 따라 식품위생교육을 받을 수 있다.

　㉢ 교육을 받아야 하는 자가 영업에 직접 종사하지 아니하거나 두 곳 이상의 장소에서 영업을 하는 경우에는 종업원 중에서 식품위생에 관한 책임자를 지정하여 영업자 대신 교육을 받게 할 수 있다. 다만, 집단급식소에 종사하는 조리사 및 영양사가 식품위생에 관한 책임자로 지정되어 교육을 받은 경우에는 해당 연도의 식품위생교육을 받은 것으로 본다.

　㉣ ㉡에도 불구하고 다음의 어느 하나에 해당하는 면허를 받은 자가 식품접객업을 하려는 경우에는 식품위생교육을 받지 아니하여도 된다.

　　• 법 제53조에 따른 조리사 면허
　　•「국민영양관리법」제15조에 따른 영양사 면허
　　•「공중위생관리법」제6조의2에 따른 위생사 면허

　㉤ 영업자는 특별한 사유가 없는 한 식품위생교육을 받지 아니한 자를 그 영업에 종사하게 하여서는 아니 된다.

　㉥ 식품위생교육은 집합교육 또는 정보통신매체를 이용한 원격교육으로 실시한다. 다만, 영업을 하려는 자가 미리 받아야 하는 식품위생교육은 집합교육으로 실시한다.

　㉦ 식품위생교육을 받기 어려운 도서・벽지 등의 영업자 및 종업원인 경우 또는 식품의약품안전처장이 감염병이 유행하여 국민건강을 해칠 우려가 있다고 인정하는 경우 등 불가피한 사유가 있는 경우에는 총리령으로 정하는 바에 따라 식품위생교육을 실시할 수 있다.

　㉧ 교육의 내용, 교육비 및 교육 실시기관 등에 관하여 필요한 사항은 총리령으로 정한다.

④ 위해식품 등의 회수(법 제45조)

　㉠ 판매의 목적으로 식품 등을 제조·가공·소분·수입 또는 판매한 영업자(수입식품 등 수입·판매업자를 포함)는 해당 식품 등이 법 제4조부터 제6조까지, 제7조제4항, 제8조, 제9조제4항, 제9조의3 또는 제12조의2제2항을 위반한 사실(식품 등의 위해와 관련이 없는 위반사항을 제외)을 알게 된 경우에는 지체 없이 유통 중인 해당 식품 등을 회수하거 나 회수하는 데에 필요한 조치를 하여야 한다. 이 경우 영업자는 회수계획을 식품의약품안 전처장, 시·도지사 또는 시장·군수·구청장에게 미리 보고하여야 하며, 회수결과를 보고받은 시·도지사 또는 시장·군수·구청장은 이를 지체 없이 식품의약품안전처장에 게 보고하여야 한다. 다만, 해당 식품 등이 수입한 식품 등이고, 보고의무자가 해당 식품 등을 수입한 자인 경우에는 식품의약품안전처장에게 보고하여야 한다.

　㉡ 식품의약품안전처장, 시·도지사 또는 시장·군수·구청장은 회수에 필요한 조치를 성 실히 이행한 영업자에 대하여 해당 식품 등으로 인하여 받게 되는 행정처분을 대통령령으 로 정하는 바에 따라 감면할 수 있다.

　㉢ 회수대상 식품 등·회수계획·회수절차 및 회수결과 보고 등에 관하여 필요한 사항은 총리령으로 정한다.

[시정명령과 허가취소 등 행정제재]

① 시정명령(법 제71조)

　㉠ 식품의약품안전처장, 시·도지사 또는 시장·군수·구청장은 식품 등의 위생적 취급에 관한 기준에 맞지 아니하게 영업하는 자와 이 법을 지키지 아니하는 자에게는 필요한 시정을 명하여야 한다.

　㉡ 식품의약품안전처장, 시·도지사 또는 시장·군수·구청장은 시정명령을 한 경우에는 그 영업을 관할하는 관서의 장에게 그 내용을 통보하여 시정명령이 이행되도록 협조를 요청할 수 있다.

　㉢ ㉡에 따라 요청을 받은 관계 기관의 장은 정당한 사유가 없으면 이에 응하여야 하며, 그 조치결과를 지체 없이 요청한 기관의 장에게 통보하여야 한다.

② 폐기처분 등(법 제72조)

　㉠ 식품의약품안전처장, 시·도지사 또는 시장·군수·구청장은 영업자가 법 제4조부터 제 6조까지, 제7조제4항, 제8조, 제9조제4항, 제9조의3, 제12조의2제2항 또는 제44조제1항 제3호를 위반한 경우에는 관계 공무원에게 그 식품 등을 압류 또는 폐기하게 하거나 용도·처리 방법 등을 정하여 영업자에게 위해를 없애는 조치를 하도록 명하여야 한다.

ⓛ 식품의약품안전처장, 시·도지사 또는 시장·군수·구청장은 법 제37조제1항, 제4항 또는 제5항을 위반하여 허가받지 아니하거나 신고 또는 등록하지 아니하고 제조·가공·조리한 식품 또는 식품첨가물이나 여기에 사용한 기구 또는 용기·포장 등을 관계 공무원에게 압류하거나 폐기하게 할 수 있다.

ⓒ 식품의약품안전처장, 시·도지사 또는 시장·군수·구청장은 식품위생상의 위해가 발생하였거나 발생할 우려가 있는 경우에는 영업자에게 유통 중인 해당 식품 등을 회수·폐기하게 하거나 해당 식품 등의 원료, 제조 방법, 성분 또는 그 배합 비율을 변경할 것을 명할 수 있다.

ⓔ ㉠ 및 ㉡에 따른 압류나 폐기를 하는 공무원은 그 권한을 표시하는 증표 및 조사기간, 조사범위, 조사담당자, 관계 법령 등 대통령령으로 정하는 사항이 기재된 서류를 지니고 이를 관계인에게 내보여야 한다.

ⓜ ㉠ 및 ㉡에 따른 압류 또는 폐기에 필요한 사항과 회수·폐기 대상 식품 등의 기준 등은 총리령으로 정한다.

ⓗ 식품의약품안전처장, 시·도지사 및 시장·군수·구청장은 폐기처분명령을 받은 자가 그 명령을 이행하지 아니하는 경우에는 「행정대집행법」에 따라 대집행을 하고 그 비용을 명령위반자로부터 징수할 수 있다.

HACCP(Hazard Analysis and Critical Control Point)

① HACCP의 정의 : 위해요소 분석(HA ; Hazard Analysis)과 중요관리점(CCP ; Critical Control Point)의 영문 약자로 위해요소 중점관리기준을 말한다.

[안전관리인증기준(HACCP) 심벌]

⑦ 위해요소(Hazard)

생물학적 위해요소	원·부자재 및 공정에 내재하면서 인체의 건강을 해할 우려가 있는 리스테리아 모노사이토제네스, 대장균 O157:H7, 대장균, 대장균군, 효모, 곰팡이, 기생충, 바이러스 등
화학적 위해요소	중금속, 농약, 항생물질, 항균물질, 사용 기준 초과 식품첨가물 등
물리적 위해요소	돌 조각, 유리 조각, 쇳조각, 플라스틱 조각, 비닐, 노끈 등

ⓒ 중요관리점 : 위해요소 중점관리기준을 적용하여 식품의 위해요소를 예방·제거하거나 허용 수준 이하로 감소시켜 해당 식품의 안전성을 확보할 수 있는 중요한 단계나 공정을 말한다.

② HACCP의 목적 : 안전한 식품 제조·가공을 위하여 원료에서 최종 제품에 이르기까지 모든 단계에서 인체의 건강을 해할 우려가 있는 위해요소를 확인하여 중점 관리하는 위생관리 시스템인 HACCP 제도를 활성화하기 위함이다.

[식품첨가물]

① 식품첨가물의 정의

⑦ 식품을 제조, 가공, 조리 또는 보존하는 과정에서 감미, 착색, 표백 또는 산화 방지 등을 목적으로 식품에서 사용되는 물질을 말한다.

ⓒ 식품첨가물의 규격과 사용 기준은 식품의약품안전처장이 정한다.

② 식품첨가물의 종류와 용도

종류	용도
산도조절제	• 식품의 산도를 높이거나 알칼리도를 조절함 • 사과산, 탄산칼슘, 시트르산, 수산화나트륨 등
산화방지제(항산화제)	• 지방의 산패, 색상의 변화 등 산화로 인한 식품 품질 저하를 방지하며 식품의 저장기간을 연장시킴 • 다이부틸하이드록시톨루엔(BHT), 부틸하이드록시아니솔(BHA), 토코페롤(비타민 E) 등
착색제	• 식품의 색소를 부여하거나 복원하는 데 사용 • 천연 색소(동식물에서 추출한 색소), β-카로틴(치즈, 버터 등), 타르색소
발색제	• 식품의 색소를 유지, 강화시키는 데 사용 • 아질산나트륨(육류 발색), 황산 제1철, 제2철(과채류 발색)
응고제	• 과일이나 채소의 조직을 견고하게 유지시키고 겔화제와 상호작용하여 겔을 형성, 강화함
감미료	• 식품에 단맛을 부여하기 위해 사용함 • 사카린나트륨(생과자, 청량음료), D-소비톨(과일 통조림), 아스파탐(빵, 과자류) 등
밀가루 개량제	• 제빵의 품질이나 색을 증진시키기 위해 밀가루나 반죽에 추가되는 첨가물 • 과황산암모늄, 브롬산칼륨, 이산화염소 등

종류	용도
방부제(보존료)	• 미생물에 의한 변질을 방지하여 식품의 보존기간을 연장시킴 • 프로피온산칼슘, 프로피온산나트륨(빵, 과자류), 소브산나트륨(육제품), 디하이드로초산(버터, 치즈 등) 등
살균제	• 식품의 부패 병원균을 살균하기 위함 • 표백분(표백작용), 차아염소산나트륨(소독, 살균, 과일 소독에 사용) 등
표백제	• 원래의 색을 없애거나 퇴색을 방지하기 위함 • 과산화수소(산화제), 아황산나트륨(환원제) 등

③ 식품첨가물의 사용 목적

　㉠ 식품 외관, 기호성 향상

　㉡ 식품의 변질, 변패 방지

　㉢ 식품의 품질을 개량하여 저장성 향상

　㉣ 식품의 풍미 개선과 영양 강화

④ 식품첨가물의 조건

　㉠ 소량으로도 효과가 클 것

　㉡ 독성이 없을 것

　㉢ 사용이 편리하고 경제적일 것

　㉣ 무미, 무취이고 자극성이 없을 것

　㉤ 변질 미생물에 대한 증식 억제 효과가 클 것

　㉥ 공기, 빛, 열에 안정성이 있을 것

　㉦ pH에 영향을 받지 않을 것

> 제 **3** 절 과자류 제품 품질관리

[품질관리 기법]

① ISO(International Organization for Standardization)
　㉠ ISO : 국제표준화기구의 줄임말로 독립적이며, 세계에서 가장 큰 단체로서 품질, 안전, 효율 등을 보장하기 위해 제품, 서비스, 시스템에 대한 세계 최고의 규격을 제공한다.
　㉡ ISO9001(품질경영 시스템) : 고객의 니즈(요구)와 기대를 충족시키기 위해 설정한 품질 목표와 관련하여 결과의 성취에 초점을 맞추는 조직경영 시스템을 지속적으로 개선해 나갈 수 있도록 구축하고, 이를 공인된 인증기관의 심사를 통하여 생산 · 공급하는 품질경영 시스템을 인증받는 제도이다.
　㉢ ISO22000(식품안전경영 시스템) : 식품 공급 사슬 내의 해당하는 모든 이해관계자가 산지에서 식탁까지 식품의 모든 취급 단계에서 발생할 수 있는 위해요소를 효과적으로 관리하여 식품안전 달성을 목적으로 적용할 수 있도록 HACCP 원칙과 ISO의 경영 시스템을 적절히 조합한 규격이다.
② HACCP(Hazard Analysis and Critical Control Point)
　㉠ 식품 위해요소 중점관리기준이라고 한다.
　㉡ 식품의 안정성 확보를 위한 시스템으로 원료와 공정에서 발생 가능한 생물학적, 화학적, 물리적 위해요소를 분석하여 이를 예방, 제거 또는 허용 수준 이하로 감소시킬 수 있는 공정이나 단계를 말한다.
　㉢ 기존에는 최종 제품에 대한 무작위 검사로 위생관리가 이루어졌으나, HACCP은 중요관리점에 위해 발생 우려를 사전에 제어하여 최종 제품에 잠재적 위해 우려를 제거하는 차이가 있다.

㉣ HACCP의 12단계 7원칙

단계	절차	설명	비고
1	HACCP팀 구성	HACCP을 진행할 팀을 설정하고, 수행 업무와 담당을 기재한다.	준비 단계
2	제품 설명서 작성	생산하는 제품에 대해 설명서를 작성한다. 제품명, 제품 유형 및 성상, 제조 단위, 완제품 규격, 보관 및 유통 방법, 포장 방법, 표시 사항 등이 해당한다.	
3	용도 확인	예측 가능한 사용 방법과 범위 그리고 제품에 포함된 잠재성을 가진 위해물질에 민감한 대상 소비자를 파악하는 단계이다.	
4	공정 흐름도 작성	원료 입고에서부터 완제품의 출하까지 모든 공정 단계를 파악하여 흐름을 도식화한다.	
5	공정 흐름도 현장 확인	작성된 공정 흐름도가 현장과 일치하는지를 검증하는 단계이다.	
6	위해요소 분석	원료, 제조 공정 등에 대해 생물학적, 화학적, 물리적인 위해를 분석하는 단계이다.	원칙 1
7	중요관리점(CCP) 결정	HACCP을 적용하여 식품의 위해를 방지, 제거하거나 안전성을 확보할 수 있는 단계 또는 공정을 결정하는 단계이다.	원칙 2
8	중요관리점(CCP) 한계 기준 설정	결정된 중요관리점에서 위해를 방지하기 위해 한계 기준을 설정하는 단계로, 육안 관찰이나 측정으로 현장에서 쉽게 확인할 수 있는 수치 또는 특정 지표로 나타내어야 한다(온도, 시간, 습도).	원칙 3
9	중요관리점(CCP) 모니터링 체계 확립	중요관리점에 해당되는 공정이 한계 기준을 벗어나지 않고 안정적으로 운영되도록 관리하기 위하여 종업원 또는 기계적인 방법으로 수행하는 일련의 관찰 또는 측정할 수 있는 모니터링 방법을 설정한다.	원칙 4
10	개선 조치 및 방법 수립	모니터링에서 한계 기준을 벗어날 경우 취해야 할 개선 조치를 사전에 설정하여 신속하게 대응할 수 있도록 방안을 수립한다.	원칙 5
11	검증 절차 및 방법 수립	HACCP 시스템이 적절하게 운영되고 있는지를 확인하기 위한 검증 방법을 설정하는 것이다. 현재의 HACCP 시스템이 설정한 안전성 목표를 달성하는 데 효과적인지, 관리 계획대로 실행되는지, 관리 계획의 변경 필요성이 있는지 등이 이에 해당한다.	원칙 6
12	문서화 및 기록 유지	HACCP 체계를 문서화하는 효율적인 기록 유지 및 문서 관리 방법을 설정하는 것으로, 이전에 유지 관리하고 있는 기록을 우선 검토하여 현재의 작업 내용을 쉽게 통합한 가장 단순한 것으로 한다.	원칙 7

[품질 관리]

① 품질 관리란 소비자에게 제공하는 제품이나 서비스의 질을 높이기 위해 관리할 수 있도록 기준을 마련하여 지속적으로 점검하는 모든 제반 활동을 일컫는다.

② 품질을 관리하기 위해서는 크게 원료 관리, 공정 관리, 상품 관리의 세 가지 단계를 중점적으로 관리한다.

ⓒ 원료 관리

[원료 관리의 흐름도]

- 원료의 구분 : 용도와 특성을 파악하기 위해 자주 사용하는 원료인지, 소비기한이 짧은 원료인지, 알레르기 성분이 함유된 원료인지 등 다양한 카테고리로 분류·관리한다.
- 원료 입고 및 선별 : 구매한 원료를 보관 창고에 입고하기 전에 유형에 맞는 기준을 바탕으로 선별하여 불량한 원고가 입고되는 것을 사전에 차단한다.
- 원료 보관 : 원료를 신선하게 보관하기 위해 입고 날짜와 보관 장소, 사용을 위해 출고된 정보가 포함된 이력카드를 작성한다. 모든 원료는 선입선출 원칙에 따라 먼저 입고된 원료 순서대로 출고시켜 사용하여 입출고 관리가 원활히 운용될 수 있도록 한다.

ⓛ 공정 관리

- 설비 : 생산에 필요한 설비를 파악하고 관리 기준을 설정하도록 한다.
- 제조 공정도 : 원료 투입부터 제품 생산까지 각각의 공정을 순서대로 도식화한 자료이다. 작성할 때 최대한 전문가적인 지식 없이 누가 보더라도 이해할 수 있도록 간단명료하게 표현해야 한다. 제조 공정도에서의 품질 관리 대상은 투입되는 원료, 발효실·오븐의 위생관리, 냉각 설정 조건, 제품 중량, 제품 규격, 포장 상태 및 보관 조건이다.
- 제조 공정서 : 제품의 생산 흐름을 보여 주는 것이 제조 공정도라면 제품을 만드는 설명서와 같은 것은 제조 공정서이다. 생산 방법이 자세하게 기술되어 작업자가 활용할 수 있도록 정보를 제공한다. 제조 공정서에서의 품질 관리 대상은 반죽 온도, 반죽 방법, 발효, 굽기, 포장 방법이다.

[품질관리 기획서]

① 품질경영 방침 : 최고 경영자는 품질 방침에 조직의 목적, 품질경영 시스템의 효과성을 지속적으로 개선할 의지, 품질 목표의 수립 및 검토를 위한 틀 제공, 조직 내에서의 의사소통 등과 같은 내용이 포함되도록 설정해야 한다.

② 운영 계획
ⓒ 현장 경험이 풍부한 경험자에게 업무를 분장한다.
ⓛ 품질 관리의 중요성에 대한 인식을 제고하기 위해 교육을 실시한다.
ⓒ 반입되는 원료에 대한 철저한 사전 검사 및 반입 검사를 통해 소기의 품질을 확보한다.

③ 생산 현장 품질 관리

　　㉠ 조직은 하드웨어, 소프트웨어 등의 프로세스 장비 및 운송·통신·정보 시스템 등의 지원 서비스 등 제품의 요구사항에 대한 적합성을 달성하는 데 필요한 기반 구조를 결정하고 확보하여 제공 및 유지 관리해야 한다.

　　㉡ 업무를 수행하는 인원은 적절한 학력, 교육 훈련, 숙련도 및 경험 등의 요구에 맞아야 한다.

④ **품질 관리 개선** : 조직은 제품 요구사항의 적합성 실증, 품질경영 시스템의 적합성 보장 및 효과성의 지속적 개선에 필요한 프로세스를 계획하고 실행해야 한다.

[품질 관리 과정의 관찰 및 측정]

① 조직은 품질경영 시스템 운영에 대한 감시와 측정을 위하여 적합한 방법을 도입해야 한다. 이러한 목적으로 생산 현장에서는 품질 관리도를 작성하여 생산 공정의 상태와 품질의 평가를 확인할 수 있다.

② 일정한 생산 조건에서 작업한다 해도 몇몇 품질 특성치에는 반드시 어느 정도의 산포(변동)가 생기게 마련인데, 이러한 원인은 크게 두 가지(우연 원인, 이상 원인)로 나눌 수 있다.

　　㉠ **우연 원인** : 생산 과정에서 일상적으로 일어나고 있는 정상적 산포로서, 가공 조건이 잘 관리된 상태에서도 발생하는 불가피한 변동을 의미한다. 예를 들면 한 작업자가 같은 설비를 이용하여 같은 방법으로 동일한 제품을 만들더라도 제품의 특성치가 완전히 균일하게 나오지 않는 경우이다.

　　㉡ **이상 원인** : 일상적인 생산 과정과는 다른 특별한 이유가 있는 산포를 의미한다. 이상 원인의 원인은 불량원·부자재의 사용, 설비의 이상이나 고장, 작업자의 부주의, 측정 및 시험 오차 등을 들 수 있다.

[품질 개선]

① 품질 개선이란 현장에서 발생하는 문제를 확인하고 원인을 분석한 후 그에 대한 해결책을 찾고 추후에 발생하지 않도록 방안을 마련하는 것을 말한다.

　　㉠ **단순 개선** : 기본적인 인프라를 이용하여 손쉽게 개선이 가능한 부분들을 의미한다.

　　　　예 청소 도구를 위치에 맞게 정리 정돈하기, 바닥의 물기 제거하기, 공무팀에 의뢰하여 오작동한 설비를 유지·보수하기 등

ⓛ 시스템 개선 : 개선했던 문제가 반복적으로 발생하여 불필요한 노력과 투자가 지속적으로 요구될 때 새로운 규정을 만들고 정기적인 교육을 실시하는 등 관리 시스템을 개선하는 것을 의미한다.

　例 머리카락을 항상 제거하는 절차를 거치지만 생산된 제품에 빈번하게 머리카락이 발견되는 경우, 청소 도구를 쓰고 정리하지 않아 필요할 때 찾지 못해 작업장 위생이 청결하게 유지되지 않는 경우 등

② 품질 개선을 위한 원인 분석

　㉠ 원료 문제 : 사용하던 원료에 문제가 발생하여 생산에 차질이 생기는 것을 의미한다. 원료 문제의 사례로는 다음과 같다.

　　• 입고될 당시에 부적합한 원료를 선별하지 못한 경우
　　• 보관 상태가 불량하여 변질된 원료를 사용한 경우
　　• 다른 원료를 넣어 제품 생산에 문제가 발생한 경우

　㉡ 배합비 문제 : 제조 공정서상에 지시한 배합비와 원료를 다르게 투입하여 제조하였을 경우 발생하는 문제를 의미한다. 배합비 문제의 사례로는 다음과 같다.

　　• 배합용 급수를 적게 넣어 작업성이 떨어져 정형에 문제가 발생한 경우
　　• 강력분을 사용해야 하는데 박력분을 넣어 반죽 형성이 안 되는 경우

　㉢ 공정상 문제 : 제조 공정서상에 정해 놓은 공정을 이행하지 않고 임의로 작업하게 되어 발생하는 문제들이다. 공정상 문제의 사례로는 다음과 같다.

　　• 믹싱 시간, 반죽 온도, 휴지 시간, 발효 시간 등과 같은 조건을 제대로 수행하지 않았을 경우

　㉣ 설비 문제 : 제조를 위한 설비 관리를 평소에 잘못하여 파손되거나 오작동을 일으켜 제품 생산에 문제가 발생했을 때를 의미한다. 설비 문제의 사례로는 다음과 같다.

　　• 분할기는 항상 일정한 중량으로 반죽을 분할해야 하지만, 분할기 중의 칼날이나 이형유 분사기의 관리를 소홀히 하여 일정한 무게로 분할이 안 되는 경우

　㉤ 작업자 문제

　　• 제품을 생산하는 작업자들의 부족한 숙련도나 부주의로 인해 문제가 발생했을 때를 의미한다.
　　• 작업자들이 제 역할을 충실히 수행하도록 하기 위해 정기적인 교육과 평가를 실시해야 한다.

[문제 발생 원인과 유형]

원인	유형
원료	• 입고 당시 부적합한 원료를 선별하지 못하였을 때 • 보관 상태가 불량하여 변질된 원료를 사용하였을 때
배합	• 실제 배합비와 다르게 원료를 투입하였을 때 • 사용하지 않는 원료를 넣었을 때
공정	제조 공정을 이행하지 않았을 때
설비	설비 관리를 제대로 하지 못하였을 때
교차오염	작업자의 실수로 제품에 교차오염이 발생하였을 때

제과점 관리

<table>
<tr><td>제 1 절</td><td>과자류 제품 재료 구매관리</td></tr>
</table>

[재료 구매관리]

① 구매의 정의

    ㉠ 물건을 사들이거나 구입하는 행위이며, 궁극적으로 구매관리와 같은 의미를 가진다.

    ㉡ 제품 생산에 필요한 원재료 등을 필요한 시기에 가능한 유리한 가격으로 공급자로부터 구입하기 위한 체계적인 방법이다.

② 구매의 목표

    ㉠ 최고 품질의 제품을 생산하여 최대의 가치를 소비자에게 제공한다.

    ㉡ 원·부재료의 품질을 결정하고 구매량을 결정한다.

    ㉢ 시장조사를 통해 유리한 조건으로 협상 가능한 공급업체를 선정한다.

    ㉣ 적절한 시기에 납품되도록 관리한다.

    ㉤ 검수, 저장, 생산, 원가 관리 등을 통해 지속적인 구매 활동으로 이익을 창출한다.

③ 구매의 중요성

    ㉠ 물품 구매 시 얻게 되는 정보들, 구입처의 신용이나 구입 가격, 구입 방법, 대금의 지급 등을 기록하는 체계가 필요하며, 구입한 물품 등은 검수, 저장, 생산, 판매, 검토, 재구매 등으로 환류하는 시스템이다.

    ㉡ 구매 담당자는 상품의 특성과 저장 조건, 시장의 특성과 유통 경로, 계약 및 주문 관련 법규, 구매 경로 및 방법, 구매 의사 결정 방법 및 조직 내의 규정과 관련된 지식을 갖추어야 한다.

    ㉢ 구매 담당자는 구매하고자 하는 물품에 대한 전문 지식과 협상 능력 및 대인관계가 원만하고 높은 수준의 윤리 의식을 통해 공급업자와 신뢰를 구축해야 한다.

    ㉣ 구매 담당자는 구매하고자 하는 물품의 품질, 수량, 시기, 가격, 공급원, 장소, 가치 등을 객관적으로 평가하는 능력을 갖추어야 한다.

[구매를 위한 시장조사]

① 문제 해결을 위한 시장조사

　㉠ 발생된 문제를 해결하기 위해 관련된 자료를 수집하고 분석하여 객관적으로 문제를 해결하는 것이 중요하다.

　㉡ 자료 수집과 분석 방법은 문헌 조사를 기반으로 하는 방법, 현장 전문가를 대상으로 문제를 도출하고 해결하는 방법, 소비자를 대상으로 설문 조사 또는 FGI(Focus Group Interview) 등의 기법을 통해 문제를 해결하는 방법과 벤치마킹(Benchmarking)을 통해 우수한 대상을 찾아 비교하고 차이를 극복하여 문제를 해결하는 방법, 현장 검증 방법 등이 있다.

② 의사 결정을 위한 시장조사

　㉠ 문제에 대한 현상을 조사, 분석, 사례에 대한 검증을 실시하여 여러 대안을 모색하고, 그중 가장 합리적이고 효과적으로 목적을 달성하는 것이다.

　㉡ 의사 결정의 부담을 줄이고, 올바른 의사 결정을 가능하게 하며, 개인적 판단의 오류와 불확실성을 감소시켜 준다.

[수요 예측]

① 수요 예측의 정의 : 과거 및 현재의 자료를 바탕으로 매출 계획, 생산 계획, 구매 계획, 판매 계획 등 기업 운영의 계획 수립에 필요한 기초 자료로 활용한다.

② 수요 예측의 방법

　㉠ 정량적 방법

시계열 분석법	• 시간 변화에 따른 과거의 축적된 자료를 연별, 분기별, 월별, 주간별, 일별 등 일정한 시계열에 추세 또는 경향, 계절 변동과 정기 변동 등을 분석하여 미래의 수요를 예측하는 것이다. • 시계열 분석에서 시간은 독립 변수, 수요량은 종속 변수가 되어 과거와 미래의 예측하고자 하는 수요를 시간의 함수 관계로 설정하고 있다. • 시계열 분석에는 이동 평균법, 지수 평활법, 단순 평균법이 있다.
인과형 분석법	• 기업의 내·외부 환경 등 다양한 변수들이 수요에 영향을 미친다는 모형을 설정하여 분석하는 방법이다. • 예측에 대한 변수와 인과관계에 따른 변수를 이용해 수요를 예측하는 방법으로 다양하고 복잡하며 비용이 많이 소요된다.

ⓒ 정성적 방법

시장조사법	• 시장 현황을 체계적으로 조사, 분석하는 방법으로 객관적 분석이 어려운 경우, 즉 새로운 제품 또는 신소재 원료와 같이 과거의 자료가 없을 경우 수요자를 대상으로 설문지, 인터뷰 등 다양한 방법으로 수요에 대한 의견 조사를 하는 방법이다. • 시간과 비용이 많이 소요되지만 비교적 정확한 예측이 가능하다.

델파이 기법	• 표준화된 자료가 없을 경우 전문가에게 의뢰하여 경험과 직관을 효과적으로 활용하는 방법이다.
	• 전문가의 다양한 분석 결과를 회의 또는 설문을 통하여 합의점을 도출한다.
	• 전문가들을 한 장소에 모으기 어렵거나 대면하기 불편한 경우 이용될 수 있다.
	• 델파이 기법의 약점
	  – 질문서의 문항이 명확하지 못하여 질문에 대한 답이 문제와 다를 수 있다.
	  – 기간이 오래 걸리면 구성원이 변경될 수 있다.
	  – 전문가가 응답에 대한 책임을 지지 않는다.
	  – 전문가가 문제에 대한 정확한 지식을 갖지 못할 경우, 이에 대한 구별을 사전에 파악하기 어렵다.

위원회 동의법	전문가 집단의 구성원 간에 자유로운 토론을 통하여 수요 예측에 대한 결론을 도출하는 방법이다.

[원재료의 품질 특성 파악]

① 밀가루

   ⓐ 밀가루는 일반적으로 전분 65%, 수분 13%, 단백질 11.5%, 지질·당·회분이 3.5% 정도로 구성되어 있다.

   ⓑ 밀가루 단백질은 알부민(Albumin), 글로불린(Globulin), 글리아딘(Gliadin) 및 글루테닌(Glutenin)으로 이루어져 있다.

   ⓒ 글리아딘은 반죽을 잘 늘어나게 하는 점성을, 글루테닌은 탄성을 가지고 있다.

   ⓓ 밀가루에 물을 첨가하여 물리적인 힘(혼합)을 가하게 되면 점탄성을 가진 3차원의 망상구조의 글루텐(Gluten)을 형성하게 된다.

   ⓔ 밀가루 단백질은 빵의 부피, 색상, 기공, 조직 등 빵의 품질 특성을 결정짓는 중요한 역할을 한다.

   ⓕ 단백질 함량에 따라 강력분, 중력분, 박력분으로 구분하며, 강력분은 11~13.5%, 중력분은 9~10%, 박력분은 7~9%의 단백질을 함유하고 있다.

ⓈⒾ 밀가루 종류와 품질 특성

종류	단백질	품질 특성
강력분	11~13.5%	• 반죽 혼합 시 흡수율이 높고 반죽의 강도가 강함 • 제빵에 적합하며 밀가루 입자가 가장 큼
중력분	9~10%	• 부드럽고, 반죽 형성 시간이 빠름 • 면 또는 데니시 페이스트리용 및 다목적으로 사용됨 • 튀김 시 퍼짐성이 적고 쫄깃한 식감을 냄
박력분	7~9%	• 가장 부드럽고 부피 변화가 적음 • 스펀지 케이크 제조 시 내면이 부드러워 식감이 좋으며 쿠키 등에 사용됨 • 밀가루 입자가 가장 작음

더THE 알아보기

밀가루 전분의 호화(Gelatinization)
• 밀가루 전분은 포도당이 여러 개로 축합되어 이루어진 중합체로 아밀로스(Amylose)와 아밀로펙틴 (Amylopectin)으로 구성되어 있다.
• 전분 분자들은 수분을 흡수하면(60~80℃) 호화되기 시작하고 전분의 형태가 붕괴되면서 반투명한 점도 있는 풀이 되며, 이러한 현상을 전분의 호화(α화)라고 한다.

② 설탕

㉠ 정제당 : 원료당에 물을 녹여 탈색, 정제하고 투명액으로 다시 농축시켜 결정화하여 분리 한 입상 형태의 당이다.

㉡ 분당 : 입상형 당을 분쇄하여 분말로 만든 것이다.

㉢ 갈색당 : 정제당과 당밀의 혼합물로, 색상이 진할수록 불순물의 양이 많아 완전히 정제되지 않은 당이다.

㉣ 전화당 : 자당을 용해시킨 액체에 산을 가하여 높은 온도로 가열하거나 분해 효소인 인버 타제(Invertase, 인버테이스)로 설탕을 가수분해하여 포도당과 과당의 동량 혼합물을 말한다.

㉤ 당밀 : 사탕수수의 농축액에서 설탕을 생산하고 남은 시럽 상태의 당이다.

③ 물

㉠ 건조 재료를 수화(Hydration)시켜 모든 재료를 적절히 분산시키는 역할을 한다.

㉡ 반죽의 되기를 조절하며, 글루텐 단백질을 결합시켜 준다.

㉢ 연수(0~60ppm) : 단물이라고도 하며, 제빵에 사용 시 글루텐을 연화시켜 반죽을 연하고 끈적거리게 한다.

㉣ 경수(180ppm 이상) : 센물이라고도 하며, 제빵에 사용 시 반죽이 질겨지고 발효 시간이 길어진다.

㉤ 아경수(120~180ppm) : 이스트의 영양물질이 되고, 글루텐을 강화시키는 효과가 있다.

⭐ **더**THE **알아보기**

물의 경도에 따른 조치 방법
- 연수 사용 시 : 이스트 사용량 감소, 이스트푸드와 소금양 증가
- 경수 사용 시 : 이스트 사용량 증가, 이스트푸드의 사용량 감소

---

④ 달걀

　㉠ 신선도에 따라 기포를 생성하는 시간과 기포의 안정성이 달라진다.

　㉡ 신선한 달걀은 기포 형성 시간이 길고 안정적인 반면, 신선도가 떨어지는 달걀은 기포 형성 시간은 짧고 기포 형성이 불안정하다.

⑤ 유지

　㉠ 제과·제빵에서 사용하는 유지는 버터, 마가린, 쇼트닝 등 용도에 따라 다양하게 사용한다.

　㉡ 반죽에 윤활성을 주고, 크리밍 작업 동안 공기를 포집하고 보유하는 기능이 있다.

　㉢ 유지의 종류 및 특징

종류	특징
버터	• 우유 지방으로 제조한다. • 수분 함량이 14~17% 정도 된다. • 풍미가 우수하다. • 가소성의 범위가 좁고 융점이 낮다.
마가린	• 버터 대용품으로, 지방 약 80%를 함유한다. • 버터에 비해 가소성, 크림성이 우수하다.
쇼트닝	• 라드(돼지 기름) 대용품으로, 지방 100%이다. • 무색, 무미, 무취의 특징을 가진다. • 크림성이 우수하며, 쿠키의 바삭한 식감을 준다.

⑥ 이스트

　㉠ 알코올 발효가 일어나며 다량의 이산화탄소를 발생시켜 빵을 부풀게 한다.

　㉡ 발효에 의해 탄산가스, 에틸알코올, 유기산 등을 생산하여 팽창과 풍미, 식감을 갖게 한다.

　㉢ 이스트의 종류

생이스트 (Fresh Yeast)	• 수분 함량이 68~83%이고 보존성이 낮다. • 소비기한은 냉장(0~7℃ 보관)에서 제조일로부터 2~3주이다. • 생이스트는 28~32℃, pH 4.5~5.0에서 발효가 최적으로 되는 조건이 된다.
건조 이스트 (Dry Yeast)	• 수분이 7~9%로 낮고, 입자 형태로 가공시킨 것이다. • 소비기한은 미개봉 상태로 1년이다. • 건조 이스트의 4~5배 되는 양의 미지근한 물(35~43℃)에 수화시켜 사용한다.

⑦ 소금

　㉠ 맛과 풍미를 향상시키고 이스트의 활성을 조절한다.

　㉡ 반죽에 첨가하게 되면 삼투압에 의해 흡수율이 감소하고 반죽의 저항성이 증가되는 특성
　　이 있다.

［ 부재료의 품질 특성 파악 ］

① 호밀가루(Rye Flour)

　㉠ 영양적 측면에서 밀가루와 비슷한 구성이나 호밀가루에는 글루텐 형성 단백질인 프롤라
　　민과 글루텔린이 밀가루 대비 30% 정도 밖에 존재하지 않으며, 글루텐 구조를 형성할
　　수 있는 능력이 부족해 빵이 잘 부풀지 않는다.

　㉡ 호밀가루만 사용하여 빵을 만들게 되면 치밀한 조직과 단단한 식감의 빵을 만들게 된다.

② 우유

　㉠ 우유의 단백질은 카세인(Casein)과 유청단백질(Whey Protein)로 구분되어 있다.

　㉡ 카세인은 우유 단백질의 약 80%를 차지하고 있으며, 황(S)과 인(P)을 많이 포함하고,
　　미셀(Micelle) 형태로 존재한다.

　㉢ 카세인은 등전점인 pH 4.6 부근에서 침전하게 되며, 레닌에 의해 카세인의 펩타이드
　　결합이 분해된다.

　㉣ 영양을 향상시키며, 밀가루에 부족한 단백질(라이신)을 보충한다.

③ 탈지분유

　㉠ 탈지유를 건조시켜 분말화한 것으로 빵에 첨가하면 풍미를 향상시키고, 노화를 방지한다.

　㉡ 수분 보유력을 가지고 있으며, 발효하는 동안 반죽의 pH 변화를 방지하는 완충 효과가
　　있다.

　㉢ 제품 내부 구조에 조직감과 탄성을 부여하는 반죽강화제로 작용한다.

④ 제빵개량제

　㉠ 제빵에서 안정된 품질의 제품을 생산하기 위해 사용하는 것으로, 빵의 품질과 기계성을
　　증가시킨다.

　㉡ 최종 제품의 품질을 표준화시킬 목적으로 첨가하며 반죽강화제, 산화제, 환원제, 노화지
　　연제 등을 사용한다.

⑤ 팽창제

　㉠ 화학 반응을 일으켜 탄산가스를 만들고, 생성된 탄산가스는 과자나 케이크 등을 부풀려
　　모양과 부드러운 식감을 만드는 역할을 한다.

ⓛ 탄산수소나트륨과 베이킹파우더

탄산수소나트륨 (베이킹소다)	• 중조라고도 하며, 이산화탄소를 발생시킨다. • 열에 의해 분해되면서 알칼리성 물질이 반죽에 남아 색소에 영향을 미쳐 제품의 색상을 선명하고 진하게 만든다.
베이킹파우더	탄산수소나트륨(중조)과 산제의 혼합물로, 탄산수소나트륨을 중화시켜 이산화탄소 가스의 발생과 속도를 조절하도록 한 팽창제이다.

[탄수화물]

① 탄수화물의 성질 및 기능

성질	• 탄소(C), 수소(H), 산소(O)의 3원소로 구성된 유기화합물 • 분자 1개 이상의 수산기(-OH)와 카복시기(-COOH)를 가지고 있음 • 1일 적정 섭취량 : 총 열량의 55~70%
기능	• 1g당 4kcal의 에너지 발생 • 탄수화물 부족 시 지방과 단백질이 에너지원으로 사용됨 • 식이섬유는 장 운동을 촉진시켜 변비를 예방함 • 간에서 지방의 완전 대사를 도와줌

② 탄수화물의 분류 및 특성

ⓐ 단당류 : 가수분해에 의해 더 이상 분해되지 않는 가장 단순한 당이다.

- 포도당(Glucose) : 탄수화물의 기본 형태로 동물의 혈액 내에 0.1% 정도 존재하고 체내에 글리코겐 형태로 저장된다.
- 과당(Fructose) : 용해성이 좋고 감미도가 가장 높으며, 꿀이나 과일 등에 다량 함유되어 있다.
- 갈락토스(Galactose) : 유당(젖당)의 구성 성분으로 감미도가 가장 낮고, 물에 잘 녹지 않는다.

ⓑ 이당류 : 단당류가 2개가 결합된 당류이다.

- 자당(설탕, Sucrose) : 인버테이스(효소)에 의해 포도당+과당으로 가수분해되는 비환원당이며, 상대적 감미도 측정 기준이 되고, 과일과 사탕수수에 다량 존재한다.
- 맥아당(엿당, Maltose) : 말테이스(효소)에 의해 포도당+포도당으로 가수분해되며, 자연계의 식품에서는 거의 존재하지 않고 발아한 보리(엿기름) 중에 다량 함유되어 있다.
- 유당(젖당, Lactose) : 락테이스(효소)에 의하여 포도당+갈락토스로 가수분해되며, 이스트에 의해 분해되지 않는 당으로 포유동물의 유즙에 존재한다.

ⓒ 올리고당류 : 3~10개의 단당류로 구성되어 있으며, 대장에서 박테리아에 의해 분해되어 가스를 생성한다.

- 라피노스(Raffinose) : 포도당+과당+갈락토스로 이루어진 비환원성 당류로 대두, 사탕무 등에 함유되어 있다.
- 스타키오스(Stachyose) : 2분자의 갈락토스에 포도당이 결합한 형태이며, 당단백질 또는 당지질의 구성 성분으로 사람의 소화효소로 분해되지 않는 당류이다.

㉣ 다당류 : 단당류가 여러 개 결합된 중합체이다.

- 전분(녹말, Starch) : 식물의 대표 저장 탄수화물로 곡류, 고구마, 감자 등에 존재하며 동·식물의 에너지원으로 이용된다.
- 섬유소(Cellulose) : 해조류 등에 많고, 인체의 소화효소에 의해 분해되지 않는 화합물이다.
- 글리코겐(Glycogen) : 동물의 탄수화물 저장 형태이며, 간이나 근육에서 합성 및 저장되어 있다.
- 펙틴(Pectin) : 과일의 껍질에 다량 존재하며, 젤리나 잼을 만들 때 점성을 갖게 한다.
- 한천(Agar) : 우뭇가사리(홍조류)에서 추출하며, 펙틴과 같은 안정제로 사용된다.
- 덱스트린(Dextrin) : 전분의 가수분해 중간 산물이다.

 더^{THE} 알아보기

당류의 상대적 감미도
과당(175) > 전화당(130) > 자당(100) > 포도당(75) > 맥아당, 갈락토스(32) > 유당(16)

[전분의 종류 및 호화 등]

① 전분의 종류

㉠ 전분은 대표적인 식물의 저장 탄수화물로 무색, 무취의 분말이다.

㉡ 전분은 감자, 고구마, 옥수수 등에 존재하는 탄수화물의 성분이다.

㉢ 전분은 아밀로스(Amylose)와 아밀로펙틴(Amylopectin)의 두 가지 형태가 있다.

ㄹ 아밀로스와 아밀로펙틴의 비교

구분	아밀로스	아밀로펙틴
포도당 결합 형태	α-1,4(직쇄상 구조)	α-1,4(직쇄상 구조) β-1,6(측쇄상 구조)
호화 속도	빠름	느림
노화 속도	빠름	느림
아이오딘 용액 반응	청색	적자색
구조		

② 전분의 호화

ㄱ 전분에 물을 넣고 가열하면 수분을 흡수하여 팽윤되면서 점성이 커지는데, 반투명한 콜로이드 상태가 되며 투명도가 증가된 상태이다.

ㄴ 호화 온도에 도달하면 전분 입자들이 붕괴되고 현탁액은 교질 용액으로 변화된다.

> 생전분 + 물 → (가열) → α전분(호화) → (방치) → β전분(노화)

ㄷ 호화에 영향을 주는 요인(촉진)
- 전분 입자의 크기가 클수록
- 수분 함량이 높을수록
- pH가 높을수록(알칼리성)
- 온도가 높을수록

③ 전분의 가수분해

ㄱ 전분에 묽은 산을 넣고 가열하면 가수분해되어 당화된다.

ㄴ 전분에 효소를 넣고 호화 온도를 유지시켜도 가수분해되어 당화된다.

④ 전분의 노화

ㄱ 호화된 전분을 낮은 온도로 장시간 방치했을 때 α전분이 β전분에 가까운 상태로 돌아가려는 것이다.

ㄴ 노화에 영향을 주는 요인(촉진)
- 아밀로스 함량이 높을수록
- 수분 함량 30~60%, 온도 0~5℃(냉장 온도)에서 잘 일어남

- pH가 낮을수록(산성)

ⓒ 노화를 방지하는 방법

- 수분 함량을 10% 이하로 조절하거나 −18℃ 이하로 동결한다.
- 아밀로펙틴 함량이 높을수록 노화가 늦다.
- 설탕, 유지 사용량을 증가시키면 빵의 노화를 늦출 수 있다.

[지방]

① 지방의 성질 및 기능

성질	• 탄소(C), 수소(H), 산소(O)로 구성된 유기화합물 • 3분자의 지방산과 1분자의 글리세롤이 결합되어 있음 • 산, 알칼리, 효소에 의해 지방산과 글리세롤이 분해됨
기능	• 1g당 9kcal의 에너지를 발생시킴 • 지용성 비타민 A, D, E, K의 흡수, 운반을 도움 • 내장 기관을 보호하고, 피하지방은 체온을 조절함

② 지방의 분류 및 특성

㉠ 단순지방 : 지방산과 알코올의 에스터(Ester, 에스테르) 화합물이다.

- 중성지방 : 3분자의 지방산과 1분자의 글리세린으로 결합된 트라이글리세라이드이다.
- 납(왁스) : 고급 지방산과 고급 알코올이 결합된 고체 형태의 지방이다.
- 식용유 : 상온에서 액체 형태인 단순지방이다.

㉡ 복합지방 : 지방산과 알코올 이외에 다른 분자가 결합된 형태이다.

- 인지질 : 생체막의 주요 성분으로 인이 결합된 형태이고, 난황, 콩, 간 등에 존재하며, 유화제의 역할을 한다.
- 당지질 : 중성지방에 당류가 결합된 것으로 뇌, 신경조직에 존재한다.
- 지단백 : 중성지방, 단백질, 콜레스테롤과 인지질이 결합된 것이다.

㉢ 유도지방 : 중성지방, 복합지방을 가수분해할 때 유도되는 지방이다.

- 지방산 : 글리세롤과 결합하여 지방을 구성한다.
- 콜레스테롤 : 동물의 신경계, 뇌, 혈액 등에 존재하며, 비타민 D_3가 된다.
- 에르고스테롤 : 식물성 스테롤로 버섯에 많이 함유되어 있으며, 자외선에 의해 비타민 D_2가 된다.

③ 지방의 구조

　㉠ 포화 지방산

　　• 탄소와 탄소 결합에 이중결합 없이 단일결합으로 이루어진 지방산이다.

　　• 융점이 높아 상온에서 고체 상태이다.

　　• 산화 안정성이 좋다.

　　• 동물성 유지에 다량 함유되어 있다.

　　• 탄소 수가 10개 이하의 포화 지방산은 실온에서 액체이고, 그 이상의 포화 지방산은 고체이다.

　　• 포화지방산의 탄소 수가 적을수록 유지의 융점이 낮아진다.

　　• 팔미트산, 스테아르산, 부티르산 등이 있다.

　㉡ 불포화 지방산

　　• 탄소와 탄소 결합에 이중결합이 1개 이상 있는 지방산이다.

　　• 탄소와 수소의 결합 방식에 따라 단일불포화 지방산과 다가불포화 지방산으로 나뉜다.

　　• 산화되기 쉽고 융점이 낮아 상온에서 액체 상태이다.

　　• 식물성 유지에 다량 함유되어 있다.

　　• 체내에서 합성되지 않아 음식물로 섭취해야 한다.

　　• 올레산, 리놀레산, 리놀렌산, 아라키돈산 등이 있다.

[단백질]

① 단백질의 성질 및 기능

성질	• 수소(H), 질소(N), 산소(O) 등의 원소로 구성된 유기화합물 • 단백질의 구성 단위 물질은 아미노산
기능	• 1g당 4kcal의 에너지를 발생시킴 • 체조직, 혈액 단백질, 효소, 호르몬 등을 구성함 • 삼투압을 높게 유지시켜 체내 수분 균형을 조절함

② 단백질 조직

　㉠ 함황 아미노산 : 황(S)을 포함하고 있는 아미노산으로 시스테인, 메티오닌 등이 있다.

　㉡ 필수 아미노산

　　• 체내에서 생성할 수 없어 반드시 음식을 통해 얻어진다.

　　• 성인 필수 아미노산 : 라이신(Lysine), 트립토판(Tryptophan), 페닐알라닌(Phenyl-alanine), 류신(Leucine), 아이소류신(Isoleucine), 트레오닌(Threonine), 메티오닌(Methionine), 발린(Valine)

※ 성인에게 필수는 아니지만 성장기 어린이에게는 히스티딘(Histidine), 아르기닌 (Arginine)이 필요하다.

③ 단백질의 분류 및 특성

㉠ 단순 단백질 : 가수분해에 의해 아미노산만이 생성되는 단백질

- 알부민(Albumin) : 달걀흰자, 혈장 등에 많은 단백질로, 물이나 묽은 염류에 녹는다.
- 글로불린(Globulin) : 동식물의 조직 및 체액에 주로 존재하며, 물에 잘 용해되지 않고 약산성으로 열에 응고된다.
- 글루텔린(Glutelin) : 곡류에 많고 글루텐 형성에 관여하며, 묽은 산 및 묽은 알칼리에 녹는다.
- 프롤라민(Prolamin) : 종자의 배유에 존재하며, 물에는 녹지 않는다.

㉡ 복합 단백질 : 단순 단백질에 다른 물질이 결합되어 있는 단백질

- 당단백질 : 단백질에 탄수화물이 결합된 물질
- 인단백질 : 단백질에 인산이 결합한 물질로, 대표적으로 카세인(우유 단백질)과 비텔린 (달걀노른자)이 있다.
- 색소 단백질 : 특정 색소를 함유한 복합 단백질로, 헤모글로빈, 미오글로빈 등이 있다.
- 금속 단백질 : 철, 구리, 아연 등과 결합한 단백질로 효소로 작용하는 경우가 많다.

㉢ 유도 단백질

- 천연 단백질이 물리적·화학적 처리 혹은 효소의 작용으로 생성된 단백질의 총칭이다.
- 펩톤, 펩타이드, 폴리펩타이드 등이 있다.

[비타민]

① 비타민의 성질 및 기능

성질	• 성장과 생명 유지에 필수적인 물질 • 대부분 조절제로서의 역할을 함 • 반드시 음식물에서 섭취해야 함
기능	• 탄수화물, 지방, 단백질 대사의 조효소 역할을 함 • 신체 기능을 조절하는 조절영양소

② 수용성 비타민

㉠ 비타민 B_1(티아민)

- 탄수화물 대사의 조효소로 작용
- 신경과 근육활동에 필요한 영양소
- 결핍 시 각기병, 식욕감퇴, 피로, 체온저하, 혈압 저하 등이 나타남

ⓛ 비타민 B₂(리보플라빈)

- 각종 대사에 중요한 역할을 하는 조효소의 구성 성분
- 성장 촉진 작용과 피부, 점막을 보호
- 결핍 시 구순염, 구순염, 설염 등이 나타남

ⓒ 비타민 B₃(나이아신)

- 생체 내에서 효소의 작용을 도와주는 조효소의 전구체
- 체내에서 필수 아미노산인 트립토판으로부터 합성됨
- 결핍 시 펠라그라(피부병), 구토, 빈혈, 피로감이 생김

ⓔ 비타민 B₆(피리독신)

- 항피부염 인자
- 단백질 대사과정에서 보조효소로 작용
- 결핍 시 피부염이 생김

ⓜ 비타민 B₉(엽산)

- 아미노산, 핵산 합성에 필수적 영양소
- 세포분열과 성장에 중요함
- 헤모글로빈, 적혈구 등을 생성하는 데 도움
- 결핍 시 빈혈, 장염, 설사 및 임산부 여성에게 조산, 유산 등을 일으킬 수 있음

ⓗ 비타민 C(아스코브산)

- 콜라겐을 합성함
- 항산화제 역할 및 혈관 노화 방지
- 열, 빛, 물, 산소 등에 파괴되기 쉬움
- 결핍 시 괴혈병, 상처 회복 지연, 면역체계 손상 등이 생길 수 있음

③ **지용성 비타민**

㉠ 비타민 A(레티놀)

- 피부의 표피세포가 원래의 기능을 유지하는 데 중요한 역할을 함
- 눈의 망막세포를 구성함
- 탄수화물을 에너지로 전환하는 데 필요한 조효소
- 결핍 시 야맹증, 안구건조증, 피부 상피조직 각질화 등이 일어남

㉡ 비타민 D(칼시페롤)

- 소장에서 칼슘과 인의 흡수를 증가시켜 골격을 형성함
- 결핍 시 구루병, 골다공증, 골연화증이 발생할 수 있음

㉢ 비타민 E(토코페롤)

- 체내에서 항산화제로서 작용하여 세포막 손상, 조직 손상을 막아줌
- 결핍 시 생식 불능, 근육 위축, 신경질환, 빈혈 등이 발생할 수 있음

ㄹ 비타민 K(필로퀴논)
- 혈액 응고에 관여, 장내 세균이 인체 내에서 합성
- 결핍 시 골 손실을 일으키거나 혈액 응고 지연으로 출혈을 발생시킬 수 있음

[무기질]

① 무기질의 성질 및 기능

성질	• 체내에서 저장되지 않으며, 과잉 섭취 시 체외로 배출됨 • 모세혈관으로 흡수됨
기능	• 지질의 소화, 흡수를 도움 • 간에서 운반되어 저장됨 • 과잉 섭취로 인한 독성 유발 가능

② 주요 무기질
ㄱ 나트륨(Na) : 세포 외액의 양이온, 신경 자극 전달, 삼투압 조절, 산·염기 평형 등
ㄴ 칼륨(K) : 수분·전해질·산·염기 평형 유지, 근육의 수축·이완, 단백질 합성 등
ㄷ 염소(Cl) : 체내 삼투압 유지, 수분 평형, 수소 이온과 결합
ㄹ 칼슘(Ca) : 골격 구성, 체내 대사 조절(혈액 응고, 신경 전달, 근육의 수축·이완 등)
ㅁ 마그네슘(Mg) : 골격, 치아 및 효소의 구성 성분

[설비 구매관리]

① 설비관리의 필요성
ㄱ 설비의 오작동이나 고장으로 인해 생산에 차질이 생길 경우 이로 인한 재료비와 인건비, 경비가 추가로 발생하게 된다.
ㄴ 적절한 설비의 사전 구매관리와 재고 자산의 유지 보수 관리는 베이커리 경영의 목표를 최우선으로 달성하는 데 매우 중요하다.

② 생산 설비관리의 개념
ㄱ 설비 구매관리의 정의 : 시장조사, 구매 요구, 가격 조사, 구매 계약, 검수, 시험 운전, 유지 보수 관리, 재고 관리, 매각 또는 폐기 등의 과정을 기업이 정한 매뉴얼에 따라 수행할 수 있는 관리 행위이다.
ㄴ 설비 구매관리의 목표 및 기능성 : 구매 부서, 생산 부서, 설비 사용자 모두가 만족할 수 있도록 체계적이고 과학적인 구매관리(적절한 구매 시기, 최상의 성능과 합리적 가격, 유지 보수 관리)와 설비 구매관리 기능성(소요 비용의 최소화)이 필요하다.

생산 계획 및 생산 설비능력

① 생산 계획

　㉠ 일정한 기간 안에 어떠한 물품을 생산하기 위하여 세우는 계획을 말한다.

　㉡ 생산 활동에 필요한 인적·물적 자원을 예측된 수요의 충족을 위해 생산 현장의 담당자가
　　분기별, 월간, 주간, 일일 제품을 계획한다.

② 생산 설비능력

　㉠ 계획된 수요량을 필요한 시간에 최대 생산량이 가능하도록 설계된 생산 설비 시스템을
　　의미한다.

　　• 설비 이용률 파악

$$이용률 = 실제\ 능력 \div 설계\ 능력$$

　　• 효율 파악

$$효율 = 실제\ 능력 \div 유효\ 능력$$

 더THE 알아보기

오븐의 생산 능력 파악

M 쌀빵 전문점 컨벡션 오븐의 설계 능력은 하루에 125개이고, 유효 능력은 하루 100개이다. 하지만 실제 생산량은
하루 80개이다. M 쌀빵 전문점 컨벡션 오븐의 이용률과 효율을 구하시오.

정답

• 컨벡션 오븐의 이용률 = 80 ÷ 125 = 0.64(64%)

• 효율 = 80 ÷ 100 = 0.8(80%)

　㉡ 설계 능력 : 현재의 제품 설계, 제품 가공, 생산 정책, 인적 자원, 생산 설비를 토대로
　　일정 기간 중 최대 성능으로 최대 생산이 가능한 최대 산출 능력이다.

　㉢ 유효 능력(시스템 능력) : 생산 시스템의 내외 여건(제품 가공, 유지 보수, 식사 시간,
　　휴식 시간 등) 아래에서 일정 기간 동안 최대의 생산이 가능한 산출량이다.

　㉣ 실제 산출(생산)량 : 현재의 설비 시스템 능력에서 실제로 달성된 산출량을 의미한다.

[생산 설비 구매의 흐름도]

① 구매 요구서를 토대로 구매 계획서 작성

② 구매 절차의 흐름도에 따라 적정 설비 선정

③ 설비의 구매 타당성을 분석하여 경제성(성능, 가격, 손익 비용, 효과 등) 확인

④ 입찰 공고를 통해 최종 업체 선정 후 구매 계약

⑤ 입고 후 시험 운전을 통해 품질 확인

⑥ 자산 이력카드 작성

[설비 구매관리 업무의 흐름]

제 2 절   매장 관리

[인력 관리]

① 인적 자원 관리 : 인적 자원 확보, 노동력의 육성 개발·유지 활동을 하는 모든 기능을 대상으로
하는 총체적인 관리 활동이다.
② 베이커리 인적 자원 관리
   ⊙ 제과점에서 필요로 하는 인력의 조달과 유지, 활용, 개발에 관한 계획적이고 조직적인
      관리 활동이다.
   ⓒ 베이커리 조직의 목적과 베이커리 종업원의 욕구를 통합하여 극대화함을 목적으로 하며,
      기업의 목표인 생산성과 기업 조직의 유지를 목표로 조직의 인력을 관리한다.
   ⓒ 기업의 경영 활동에 필요한 유능한 인재를 확보하고 육성 개발하여 이들에 대한 공정한
      보상과 유지 활동을 이룩하는 데 중점을 둔다.
   ⓔ 종업원은 근로를 통해 생계 유지와 사회 참여, 성취감을 가질 수 있다.

[베이커리 인적 자원 관리의 종류]

인사 계획, 인사 조직, 인사 평가의 관리적 측면에서의 과정적 인적 자원 관리와 제조를 담당하는
기능적 측면을 강조한 기능적 인적 자원 관리로 구분할 수 있다.
① 과정적 인사 관리
   ⊙ 인사 계획
      • 기업의 경영 이념 및 경영 철학과 밀접하게 관련되는 인사 관리의 기본 방침인 인사
        정책이다.
      • 고용 관리, 개발 관리, 보상 관리, 유지 관리의 합리적인 수행을 위한 직무 계획 및
        인력 계획을 한다.
   ⓒ 인사 조직 : 인사 계획 단계에서 수립된 인사 정책 및 기본 방침을 구체적으로 실행하기
      위한 인사 관리 활동이다.
   ⓒ 인사 평가 : 인사 계획에 기초한 모든 인적 자원 관리 활동의 실시 결과를 종합적으로
      평가하고 정리하며, 개선을 이룩해 가는 과정이다.

② 기능적 인사 관리

ⓒ 노동력 관리 : 종업원의 채용, 교육 훈련, 배치, 이동, 승진, 승급 등의 기능을 효과적으로 수행하기 위한 고용 관리와 개발 관리의 영역을 포괄하는 관리 체계이다.

ⓒ 근로 조건 관리

• 근로자의 안정적 확보 및 유지 발전과 노동력의 효율적 활용을 위한 선행적 관리 체계이다.

• 임금 관리, 복지후생 관리, 근로 시간, 산업안전, 보건위생 등 작업 환경의 쾌적화와 근로 조건의 유지 개선 관리 등이 있다.

ⓒ 인간관계 관리 : 근로 생활의 질 향상, 동기 부여, 제안 제도 및 소집단 상호작용 등을 통한 인간관계의 개선은 베이커리 인적 자원 관리의 중요한 과제이다.

ⓒ 노사관계 관리 : 노사 공동체 간의 갈등 분쟁을 해소하고 협력함으로써 기업 목표 달성 및 평화의 유지 · 발전을 할 수 있다.

[인적 자원 배치의 원칙]

① **적재적소 주의** : 직원의 능력과 성격 등을 고려하여 최적의 직무에 배치해야 한다.

② **능력주의** : 발휘된 능력을 공정하게 평가하고, 평가된 능력과 업적에 대해 적절한 보상을 해야 한다.

③ **인재 육성주의** : 직원의 자주성과 자율성을 존중하여 개인의 창조적 능력을 인정해야 한다.

④ **균형주의** : 모든 구성원에 대해 평등하게 배치한다.

[판매 관리]

① 마케팅의 개념

ⓒ 시장(Market)에 '~ing'를 붙여 만든 신조어로, 자사의 제품이나 서비스가 경쟁사의 제품보다 소비자에게 우선적으로 선택될 수 있도록 하기 위해 행하는 모든 제반 활동을 의미한다.

ⓒ 소비자의 니즈(Needs)와 원츠(Wants)를 파악하여 이를 충족시켜 주기 위한 기업의 제반 활동을 말한다.

② 마케팅의 특성

ⓒ 무형성 : 제과 · 제빵 산업은 제품뿐만 아니라 서비스 의존도가 높은 산업으로, 서비스는 객관적으로 보이는 형태로 제공되지 않고 감각적으로 느껴지는 무형의 가치이다.

    ⓛ 이질성

- 제과 · 제빵의 품질은 서비스를 제공하는 사람, 장소, 시점, 방법에 따라 달라진다.
- 생산과 서비스가 동시에 발생하는 특성이 있다.

    ⓒ 소멸성 : 서비스는 시간이 지나면 소멸되어 판매가 불가능하다.

    ⓔ 일시성

- 시간과 계절에 따라 제과 · 제빵 수요가 달라진다.
- 수요가 감소되는 시기에는 가격 정책이나 홍보 전략 등의 마케팅을 통해 매출 향상을 기해야 한다.

[마케팅 전략]

① 마케팅을 위한 환경 분석(SWOT 분석) : SWOT 분석은 4P(상품, 가격, 유통, 촉진)나 4C(고객, 비용, 편의, 의사소통) 등의 환경 분석을 통한 강점(Strength), 약점(Weakness), 기회 (Opportunities), 위협(Threats) 요인을 찾아내는 방법이다.

    ⊙ 내부 환경 분석 : 경영, 마케팅, 회계, 생산 · 운영, 연구 · 개발 등에 대해 분석한다.

    ⓛ 외부 환경 분석 : 거시적 요인인 경제, 사회, 정치, 인구와 미시적 요인인 고객, 경쟁자, 시장, 산업의 환경을 분석하여 기업의 성과를 극대화하고, 위협 요인을 최소화할 수 있는 방안을 강구한다.

    ⓒ SWOT 분석의 전략 수립 단계

- 외부 환경의 기회 및 위협 요소 파악
- 내부 환경의 강점과 약점 요소 파악
- SWOT 요소 분석
- 중점 전략 수립 – 실현 방안 모색
- SWOT 분석 요소를 합한 전략

        – S/O(강점-기회 전략) : 시장의 기회를 활용하기 위하여 강점으로 기회를 살리는 전략

        – S/T(강점-위협 전략) : 시장의 위협을 피하기 위하여 강점으로 위협을 피하거나 최소화하는 전략

        – W/O(약점-기회 전략) : 약점을 제거하거나 보완하여 시장의 기회를 활용하는 전략

        – W/T(약점-위협 전략) : 약점을 최소화하거나 없애는 동시에 시장의 위협을 피하거나 최소화하는 전략

② 시장 세분화

　㉠ 전략적 마케팅 계획에서 누구에게 어떤 콘셉트의 제품을 전달할 것인가를 계획하는데, 고객층, 즉 시장을 나누는 것을 시장 세분화라고 한다.

　㉡ 시장 상황을 파악하여 변화하는 시장 수요에 적극적으로 대응하고 정확한 표적 시장을 설정하여 제품뿐만 아니라 마케팅 활동을 표적 시장에 맞게 개발할 수 있다.

③ 표적 시장 선정과 전략

　㉠ 비차별화 마케팅 : 소비자의 선호도가 동질적일 때 대량 생산으로 원가 절감 효과를 보기 위해 사용하는 전략

　㉡ 차별화 마케팅 : 기업의 자원이 풍부한 경우 각 세분화된 시장에 대해 차별화된 다른 마케팅 믹스를 적용하는 전략

　㉢ 집중화 마케팅 : 시장을 세분화하고 가장 적합한 시장을 선정하여 최적의 마케팅으로 모든 역량을 집중하여 공략하는 전략

[마케팅 믹스]

① 마케팅 요소를 혼합하여 판매하고자 하는 상품을 소비자가 인식하도록 하기 위한 전술이다.

② **마케팅 믹스 4p** : Product(상품), Price(가격), Place(유통), Promotion(촉진)

③ **마케팅 믹스 7P** : Product(상품), Price(가격), Place(유통), Promotion(촉진), Process(과정), Physical Evidence(물리적 근거), People(사람)

④ **마케팅 믹스 4C** : Customer Value(고객 가치), Cost to Consumer(고객 비용), Convenience(편리성), Communication(커뮤니케이션)

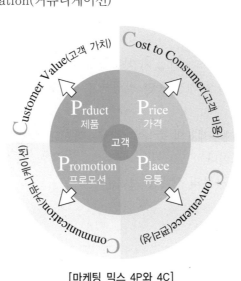

[마케팅 믹스 4P와 4C]

[손익 계산]

① 원가 관리

    ㉠ 일반 제품의 경우 원가에 원자재비, 노무비, 제조 경비와 일반 관리비, 판매비가 포함된다.

    ㉡ 제과·제빵에서 원가는 지역별, 계절별, 판매 개수에 따라 차이가 있으며 제조 장비의 기능과 생산 능력, 점포 관리자의 관리 능력, 서비스의 능력 등에 의해 차이가 많이 난다.

> **더 THE 알아보기**
>
> 원가의 구성 요소
> - 직접 원가
>   - 직접 재료비 : 제과·제빵 주 재료비
>   - 직접 노무비 : 월급, 연봉 등 임금
>   - 직업 경비 : 외주 가공비
> - 제조 원가
>   - 간접 재료비 : 보조 재료비
>   - 간접 노무비 : 급료, 수당 등
>   - 간접 경비 : 감가상각비, 보험료, 수선비, 가스비, 수도·광열비 등
> - 총원가 : 제조 원가에 판매 직·간접비 및 일반 관리비를 합한 원가
> - 판매 원가 : 판매 가격으로서 총원가에 기업의 이익을 더한 가격

② 손익계산서

    ㉠ 일정 기간 동안의 기업의 경영 성과를 나타내는 재무 보고서이다.

    ㉡ 기업의 손실과 이익을 알아볼 수 있도록 계산해 놓은 표이다.

    ㉢ 손익계산서의 구조

        • 수익, 비용, 순이익(순손실)은 손익계산서의 기본 요소이다.

        • 수익은 제과·제빵 업소가 일정 기간 동안 소비자에게 재화·용역을 판매하여 얻어진 총매출액을 의미한다.

        • 비용은 제과·제빵 업소가 일정 기간 동안 수익을 발생하기 위하여 지출한 비용이다.

        • 순이익(순손실)은 일정 기간 동안 발생한 총 수익에서 총비용을 차감한 것이다.

③ 대차대조표

    ㉠ 손익계산서와 함께 재무제표의 중심을 이루는 것으로, 일정 시점에 있어서 기업의 재무 상태를 나타내는 표이다.

    ㉡ 기업의 자산, 부채, 자본의 상태를 보여준다.

[고객 관리]

① **고객 만족 경영** : 고객이 원하는 제품과 서비스에 대하여 기대 이상으로 충족시켜 재방문이나 재구매, 선호도를 향상시키는 데 목적을 두는 경영 원리이다.

② **고객 만족** : 고객의 욕구와 기대에 부응하여 그 결과로서 상품과 서비스의 재구입이 이루어지고 고객의 신뢰감이 연속적으로 이어지는 상태를 말한다.

③ **고객 만족의 3요소**

　　㉠ 하드웨어적 요소 : 제과점의 상품, 기업 이미지와 브랜드 파워, 인테리어 시설, 주차 시설, 편의 시설 등을 말한다.

　　㉡ 소프트웨어적 요소 : 제과점의 상품과 서비스, 서비스 절차, 접객 시설, 예약, 업무 처리, 고객 관리 시스템, 사전 사후 관리 등에 필요한 절차, 규칙, 관련 문서 등 보이지 않는 요소이다.

　　㉢ 휴먼웨어적 요소 : 제과점의 직원이 가지고 있는 서비스 마인드와 접객 태도, 행동, 매너, 문화, 능력, 권한 등의 인적 자원을 말한다.

④ **고객 접점(MOT)**

　　㉠ Moment Of Truth의 약자로 결정적인 순간이라는 뜻이다.

　　㉡ 제과점 같은 서비스업에서 고객과 접하는 모든 순간을 말하며, 고객의 의사 결정뿐만 아니라 기업의 이미지가 결정되는 순간이다.

⑤ **고객 관계 관리(CRM)**

　　㉠ 기업이 고객과 관련된 내부, 외부적인 자료를 바탕으로 분석, 통합하여 고객 중심의 자원을 극대화하여 영업 활동, 마케팅 활동을 계획하고 지휘, 조정, 지원, 평가하는 과정을 고객 관계 관리라고 한다.

　　㉡ 신규 고객을 확보하거나 우수 고객 유치 등 충성 고객을 유지하기 위해 개별 고객에 맞는 맞춤 전략으로 차별화하여 시장의 흐름을 반영하고 경쟁 우위 전략을 세워 경쟁 기업으로의 이탈을 방지한다.

[생산 관리]

① 기업의 경영
  ㉠ 경영이란 개인이나 사회 전체의 안락과 복지를 위하여 필요한 재화, 서비스를 생산·분배·관리하는 사람들의 제반 활동을 말한다.
  ㉡ 베이커리 경영이란 제과점이 생산과 판매의 과정에서 발전하여 여러 경영의 개념을 적용·발전시킨 것이다.
② 기업 활동의 5대 기능 : 제조 기능, 판매 기능, 재무 기능(자금 준비), 자재 기능(자재 조달), 인사 기능(인재 확보)
③ 생산 활동의 구성 요소(4M) : Man(사람, 질과 양), Material(재료, 물질), Machine(기계, 시설), Method(방법)

[생산 관리의 기능]

생산 관리란 사람(Man), 재료(Material), 자금(Money)의 3요소를 적절하게 사용하여 좋은 물건을 저렴한 비용으로, 필요한 양을 필요한 시기에 만들어 내기 위한 관리 또는 경영이다.

① 품질 보증 기능
  ㉠ 품질의 요구 사항이 충족될 것이라는 신뢰를 제공하는 데 중점을 둔 품질 경영의 한 부분이다.
  ㉡ 사회나 시장의 요구를 조사하고 검토하여 그에 알맞은 제품의 품질을 계획, 생산하며 고객에게 품질을 보증하는 기능을 갖는다.
② 적시 적량 기능 : 시장의 수요 경향을 헤아리거나 고객의 요구에 바탕을 두고 생산량을 계획하며, 요구기일까지 생산하는 기능을 갖는다.
③ 원가 조절 기능 : 제품을 기획하는 데서부터 제품 개발, 생산 준비, 조달, 생산까지 제품 개발에 드는 비용을 어떤 계획된 원가에 맞추는 기능을 갖는다.

[생산 관리의 체계]

① 생산 준비

  ㉠ 새로 개발하고 기획한 제품 계획서와 판매 계획서를 바탕으로 하여, 그 목표를 이루기 위한 품질, 원가, 생산 규모, 생산 설비, 생산 개시일 등을 결정하는 일이다.

  ㉡ 설비 계획에 맞춰 조달, 정비된 생산 공정에 재료와 작업자를 투입하여 제품을 만들어 보는 시험 생산 과정을 거쳐야 한다.

② 생산량 관리

  ㉠ 생산하고자 하는 양을 계획하고 생산하며, 계획대로 이루어지도록 통제하는 일이다.

  ㉡ 생산량 관리는 생산 계획, 생산 실시, 생산 통제의 3단계로 이루어진다.

③ **품종·품질 관리** : 품종을 정리하고 통제하며 계획한 품질을 생산하고, 생산품의 불량 여부를 검사하여 합격품만 출고되도록 관리한다.

④ **원가 관리** : 원가는 직접비(재료비, 노무비, 경비)에 제조 간접비를 가산한 제조 원가, 그리고 판매·일반 관리비를 가산한 총원가로 구성된다.

  ㉠ 직접 재료비 : 원재료비 + 부재료비로 구성

  ㉡ 직접 노무비 : 생산 활동에 직접 투입되는 생산직의 임금

  ㉢ 직접 경비 : 전기료, 수도료, 가스료, 감가상각비(건물, 기계) 등

[원가의 구성]

  ㉣ 원가를 계산하는 방법

   • 가공비와 외부 구입 가치를 계산하여 더하는 방법

     – 가공비 : 제품을 가공하기 위해 종업원에게 지급한 급료나 임금, 소모된 건물의 가치 등

     – 외부 구입 가치 : 제품을 만드는 데 필요한 원·부재료비, 전기·가스·수도비 등

   • 직접 원가 계산법 : 원가가 되는 비용을 고정비와 변동비로 구분하여 계산하는 방법

     – 고정비 : 생산량에 관계없이 일정하게 드는 비용

     – 변동비 : 재료비처럼 생산량이 늘면 늘고, 줄면 줄어드는 비용

➕ 더THE 알아보기

원가 절감 방법
- 원재료비의 원가 절감
  - 구매관리, 구입 단가, 구매 시점 조절, 결제 방법을 엄격히 하여 구입 단가와 결제 방법을 합리화한다.
  - 원재료의 배합 설계와 제조 공정 설계를 최적 상태로 하여 생산 수율을 높인다.
  - 원재료 입고·보관 중에 생기는 불량품을 줄여 재료 손실을 방지한다.
  - 적정 재고량을 보유함으로써 부패로 인한 재료 손실을 최소화한다.
- 작업 관리를 통한 불량률 개선
  - 작업자의 태도를 수시로 점검한다.
  - 기술 수준 향상과 숙련도 제고를 통해 작업 능률을 향상시킨다.
  - 작업을 표준화하고 작업 여건을 개선한다.
- 노무비의 절감
  - 제조 방법 표준화를 통해 각 공정별 작업 시수와 작업 인원을 결정한다.
  - 제품별 생산 계획을 실시하여 소요 시간과 공정시간을 단축한다.
  - 기계화, 자동화 등의 제조 방법을 개선한다.
  - 작업 배분, 공정 간의 효율적 연계 등으로 작업 능률을 높인다.

[재고 관리]

① 재고 관리란 식재료의 제조 과정에 있는 것과 판매 이전에 있는 보관 중인 것을 말하며, 상품 구성과 판매에 지장을 초래하지 않는 범위 내에서 재고 수준을 결정한다.

② 재고상의 비용이 최소가 되도록 계획하고 통제하는 경영 기능이다.

③ 재고의 기본 기능
  ㉠ 공급과 수요의 시간적 차이를 해결한다.
  ㉡ 다량의 제품 주문 시 공급자로부터 가격 할인을 받을 수 있으므로 구매 비용을 감소시킬 수 있다.
  ㉢ 인플레이션 등 가격 변동에 대비할 수 있으며, 계절적 변동이나 수요 폭등에 대비할 수 있다.

④ 재고 관리의 목적
  ㉠ 유동 자산 가치 파악
  ㉡ 재고품 상태 파악
  ㉢ 식재료의 원가 비용과 미실현 비용 파악
  ㉣ 재고 회전율 파악
  ㉤ 신규 주문 대비

⑤ 재고 관리 비용

   ㉠ 재고 주문 비용(Setup Cost) : 청구비, 수송비, 검사비 등 식재료를 보충 구매하는 데 소요되는 비용

   ㉡ 재고 유지 비용(Hold Cost) : 보관비, 세금, 보험료 등 재고 보유 과정에서 발생하는 비용

   ㉢ 재고 부족 비용(Shortage Cost) : 충분한 식재료를 보유하지 못함으로써 발생하는 비용

   ㉣ 폐기로 인한 비용 : 소비기한이 지난 재료의 폐기 등

⑥ 재고 관리 방법

   ㉠ 정량 주문 방식 : 원재료의 재료량이 줄어들면 일정량을 주문하는 방식

   ㉡ ABC 분석

     • 자재의 품목별 사용 금액을 기준으로 하여 자재를 분류하고, 그 중요도에 따라 적절한 관리 방식을 도입하여 자재의 관리 효율을 높이는 방안이다

     • 자재의 소비금액이 큰 것의 순서로 나열한 뒤 누계 곡선을 작성하고, 상위의 약 10%의 것을 A그룹, 20%에 해당하는 것을 B그룹, 나머지 70%를 C그룹이라고 한다.

[마케팅 관리]

① 마케팅의 개념 : 기업이 개인이나 조직의 목표를 만족시켜 주기 위해 아이디어, 제품, 서비스, 가격, 촉진, 유통을 계획하고 실행하는 과정이다.

② 마케팅 전략

   ㉠ 기업이 목표를 달성하는 과정에서 변화하는 주위 환경에 어떻게 효과적으로 대처할 수 있는가에 관한 장기 계획과 의사 결정을 수립하는 것이다.

   ㉡ 기업은 목표 달성을 위해 정보 수집으로 시장을 세분화하고, 이를 바탕으로 기업이 적정한 표적 시장(고객)으로 설정하여 제품의 포지셔닝을 위한 마케팅 방법을 사용해야 한다.

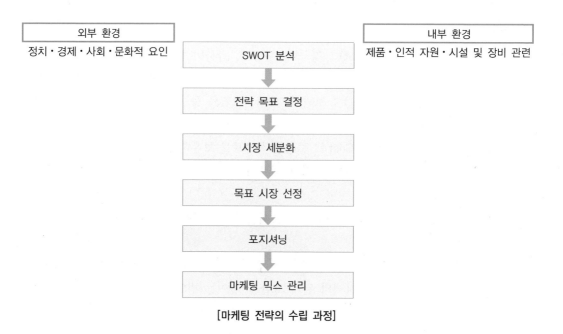

[마케팅 전략의 수립 과정]

[마케팅 전략 수립]

① 외부 환경 분석
- ㉠ 인구 통계적 환경 : 인구의 변동, 지리적 구성, 연령별 구성, 성별 구성, 출생률, 사망률 등 기업이 통제 불가능한 환경 요인
- ㉡ 경제적 환경 : 소득의 증감에 따른 구매 패턴의 변화
- ㉢ 자연적 환경 : 자연재해에 대한 통제 불가능한 환경
- ㉣ 기술적 환경 : 기계와 장비의 발달로 제품의 표준화 또는 규격화가 이루어져 대량 생산 가능
- ㉤ 정치적·법률적 환경 : 정치적 문제나 위생관리법, 환경관련법 등의 내용에 영향으로 기업이 통제 불가능
- ㉥ 사회문화적 환경 : 사회의 신념이나 가치, 규범 등 무의식적인 습관
- ㉦ 경쟁사 환경 : 전략 수립의 필수적 분석 사항

② 내부 환경 분석 : 자기 회사의 성과 수준, 강점과 약점, 제약 조건을 분석하는 것이다.

③ 전략 목표 결정 : 자신의 회사와 경쟁사의 SWOT 분석을 통해 목표를 결정한다.

④ 시장 세분화

㉠ 고객의 특성이나 욕구, 구매력, 지리적 위치, 태도, 습관 등 어떤 기준에 따라 고객을 나누는 것을 말한다.

㉡ 지리적 세분화, 인구 통계적 세분화, 행동적 세분화 등

⑤ 목표 시장 선정

㉠ 자사에 적합하고 가능성 있는 표적 시장을 선정한다.

㉡ 단일 세분 시장을 표적으로 하거나 기업의 목표에 부합되는 세분 시장으로 선정하는 전략 등을 세운다.

⑥ 포지셔닝

㉠ 제품이나 서비스가 고객 욕구에 부응하도록 집중하는 것을 말한다.

㉡ 경쟁 회사와 제품을 차별화하는 전략, 서비스를 차별화하는 전략, 회사 이미지를 차별화 하는 전략 등이 있을 수 있다.

⑦ 마케팅 믹스(7P) 관리

Product(상품)	• 소비자가 실제로 구매하는 핵심 제품 • 소비자가 실체적 제공물에서 느낄 수 있는 수준에서 인식된 실제 제품 • 소비자가 실제 제품에 추가적 서비스와 편익을 포함한 확장 제품
Price(가격)	• 기업의 이익뿐만 아니라 시장의 수요에도 큰 영향을 미침 • 가격 결정에 영향을 미치는 요인 : 기업 목표, 가격 목표, 원가 구조, 경쟁사, 소비자의 반응, 정부의 정책 등
Promotion(촉진)	• 목표 고객을 대상으로 자사의 상품 정보를 제공하는 것 • 인적 판매, 홍보, 광고, 판매 촉진 등
Place(유통)	• 생산된 제품과 서비스가 소비자 또는 사용자에게 정확하고 편리하게 이전되는 과정으로 점포의 입지를 말함 • 보행 인구, 차량 통행 인구, 대중교통 수단의 인구, 점포 면적, 주차 면적, 인접 상권 등을 고려해야 함
Process(과정)	서비스가 진행되는 절차나 활동
Physical Evidence (물리적 근거)	• 무형의 서비스가 제공되는 데 필요한 모든 유형적 요소 • 간판, 주차장, 주변 경치, 실내 장식, 종업원의 유니폼 등
People(사람)	종업원에게 동기 부여를 줌으로써 서비스의 품질이 향상되고 업무의 효율성이 증대됨

[매출 손익 관리]

① 손익계산서의 개념과 구조

㉠ 일정 기간의 경영 성과를 나타내는 표이다.

㉡ 수익, 비용, 순이익은 손익계산서의 기본 요소이다.

※ 매출액 : 상품의 판매 또는 용역의 제공으로 실현된 금액

② 손익분기점(Break-even Point)

㉠ 어떠한 기간의 매출액이 총비용과 일치하는 점을 말한다.

㉡ 매출액이 그 이하로 떨어지면 손해가 나고, 그 이상으로 오르면 이익이 생기는 것을 말한다.

㉢ 손익분기점에서는 비용을 고정비(기업의 생산, 매출의 대소를 불문하고 발생하는 비용)와 변동비(매출이 증가함에 따라 같은 비율로 증가, 발생하는 비용)로 나누어 매출액과의 관계를 검토해야 한다.

 더^{THE} 알아보기

손익분기점의 계산식

$$PQ = F + VQ(\because Q = F/(P-V))$$

이때, Q : 판매량, F : 고정비, V : 변동비, P : 단위당 판매 가격

CHAPTER 03 과자류 제품제조

제 1 절 · 과자류 제품 재료혼합

[배합표]

① 베이커스 퍼센트(Baker's Percent) : 밀가루를 100으로 기준하여, 각각의 재료를 밀가루에 대한 백분율로 표시한 것이다.

② 트루 퍼센트(True Percent) : 총 재료에 사용된 양의 합을 100으로 나타낸 것으로, 특정 성분의 함량을 알 때 편리하다.

[재료의 기능]

① 밀가루

　㉠ 단백질 함량에 따라 강력분, 중력분, 박력분으로 구분한다.

　㉡ 제과용으로는 단백질 7~9%, 회분 0.4% 이하, pH 5.2 정도인 박력분을 사용한다.

　㉢ 단백질 함량이 높은 경질밀은 연질밀에 비해 조밀하고 단단하다.

　㉣ 파이(퍼프 페이스트리) 제조 시에는 강력 또는 중력분을 사용한다.

　㉤ 밀가루의 기능

　　• 수분을 흡수하면 호화되어 제품의 구조를 형성하고, 재료들을 결합시키는 역할을 한다.

　　• 밀가루 종류에 따라 제품의 부피, 껍질과 속의 색, 맛에 영향을 준다.

② 설탕

　㉠ 감미제의 종류

　　• 설탕 : 사탕수수로 만든 이당류

　　• 포도당 : 전분을 가수분해하여 만든 단당류

　　• 유당(젖당) : 이스트에 의해 발효되지 않고, 잔류당으로 남아 껍질 색을 냄

　　• 물엿 : 전분의 분해산물인 맥아당, 덱스트린, 포도당 등이 물과 혼합되어 있는 감미제

- 전화당 시럽 : 설탕을 가수분해하여 만든 포도당과 과당이 50%씩 함유된 시럽
- 이성화당 : 포도당과 과당으로 이루어진 액상당

  ○ 설탕의 기능
  - 밀가루 단백질 연화 및 부드러운 조직을 형성한다.
  - 단맛과 독특한 향을 부여하며, 껍질 색을 형성한다.
  - 수분 보유력을 가지고 있어 노화를 지연하고 신선도를 유지한다.
  - 쿠키의 퍼짐성을 조절한다.

③ 소금
  ○ 설탕의 감미와 작용하여 풍미를 증가시키고 맛을 조절한다.
  ○ 잡균의 번식을 억제하고 글루텐의 탄성을 강하게 한다.

④ 물 : 반죽 온도 조절 및 효모와 효소의 활성을 촉진한다.
  ○ 자유수와 결합수

자유수	• 식품 중 존재하며, 용매로 이용 가능 • 0℃ 이하에서 동결, 100℃에서 증발
결합수	• 식품 중 고분자 물질과 강하게 결합하고, 쉽게 제거할 수 없음 • -20℃에서도 잘 얼지 않으며, 100℃에서 증발되지 않음

  ○ 경도에 따른 분류

경수	• 센물(경도 181ppm 이상) • 빵 반죽에 사용 시 탄력성이 강해지나 반죽이 질겨지고 발효 시간이 오래 걸림
아경수	• 경도 121~180ppm • 빵류 제품에 가장 적합 • 글루텐을 경화시키며 이스트에 영양물질을 제공함
아연수	• 경도 61~120ppm • 부드러운 물에 가까움
연수	• 단물(경도 60ppm 이하) • 반죽 사용 시 반죽이 연하고 끈적거리나 발효 속도는 빠름

[팽창제]

① 팽창작용으로 기공 및 조직이 부드러워지고 가스를 생산한다.

② 팽창제의 종류

베이킹파우더	탄산수소나트륨은 산과 작용하여 열을 받으면 탄산가스를 발생하여 반죽의 부피를 팽창시킴
암모늄염(소다)	쿠키 제품에서 단백질 구조를 변경시키고 가스를 발생하여 쿠키의 퍼짐성을 좋게 함
주석산	설탕에 첨가하여 끓이면 재결정을 막을 수 있고, 달걀흰자의 기포성을 강하게 함

[달걀]

① 달걀의 구성 성분 : 수분 75%, 고형분 25%

   ※ 노른자 : 수분 50%, 고형분 50% / 흰자 : 수분 88%, 고형분 12%

② 달걀의 기능

   ㉠ 단백질이 밀가루와 결합하여 구조를 형성한다.

   ㉡ 노른자의 레시틴이 유화작용을 한다.

   ㉢ 믹싱 중 공기를 혼합하므로 부피가 늘어나 팽창작용을 한다.

   ㉣ 커스터드 크림을 엉기도록 결합하여 농후화 작용을 한다.

[유지]

① 유지의 기능

   ㉠ 제품에 부드러움을 주며, 믹싱 중 유지가 얇은 막을 형성하여 단백질이 단단하게 되는 것을 방지하는 쇼트닝성을 가지고 있다.

   ㉡ 믹싱 중 공기를 포집하여 굽기 중에 부피를 팽창시키는 작용을 한다.

   ㉢ 믹싱 중 지방 입자 사이에 공기가 포집되어 부드러운 크림이 되는 작용을 한다.

② 유지의 종류

버터	• 우유 지방을 원심 분리하여 응축시킨 뒤 만든 유지 • 유지방 80~85%, 수분 14~17%, 소금 1~3%를 함유하며, 풍미가 우수함
마가린	• 유지 함량 80% 이상, 수분 함량 18% 이하로 버터의 대용 유지 • 동·식물성 유지를 경화 공정을 거쳐 녹는점을 조절한 가공유지에 물, 향, 유화제 등의 첨가물을 혼합하여 가공함 • 버터에 비해 가소성, 유화성, 크림성이 뛰어남
쇼트닝	• 라드(Lard)의 대용 유지로, 동·식물성 유지를 정제 가공한 유지 • 무색, 무미, 무취이며, 지방 함량이 100% • 쇼트닝성(바삭하고 부드러움)과 크림성(공기 혼입)이 우수함

[우유]

① 우유의 구성 성분

   ㉠ 수분 88%, 고형분 12%(단백질 3.4%, 유지방 3.6%, 유당 4.7%, 회분 0.7%)

   ㉡ 유단백질 중 80% 정도가 카세인(Casein)으로 산과 레닌 효소에 의해 응고된다.

② 우유의 종류

  ㉠ 시유 : 살균 또는 균질화시킨 우유

  ㉡ 농축우유 : 우유의 수분을 증발시켜 고형분을 높인 우유

  ㉢ 탈지우유 : 우유에서 지방을 제거한 우유

  ㉣ 탈지분유 : 탈지우유에서 수분을 증발시켜 가루로 만든 것

  ㉤ 전지분유 : 생우유 속에 수분을 증발시켜 가루로 만든 것

③ 우유 살균법

  ㉠ 저온 장시간 살균법 : 60~65℃, 30분간 가열

  ㉡ 고온 단시간 살균법 : 75℃, 15초간 가열

  ㉢ 초고온 순간 살균법 : 130~150℃, 2~5초 가열

[반죽형 반죽]

① 반죽형 반죽의 의의

  ㉠ 밀가루, 달걀, 유지, 설탕 등을 구성 재료로 하고, 화학적 팽창제를 사용하여 부피를
    형성하는 반죽이다.

  ㉡ 많은 양의 유지를 함유한 제품으로 반죽 온도가 중요하다.

② 반죽형 반죽의 방법

  ㉠ 크림법

    • 유지와 설탕, 소금을 넣고 믹싱하여 크림을 만든 후 달걀을 서서히 투입하여 크림을
      부드럽게 유지하도록 한 후, 체 친 밀가루와 베이킹파우더, 건조 재료를 넣고 가볍고
      균일하게 혼합하여 반죽한다.

    • 대부분의 반죽형 제품에 많이 사용되고, 부피가 양호하다.

    • 크림법으로 제조하는 제품에는 쿠키, 파운드 케이크 등이 있다.

  ㉡ 블렌딩법(Blending Method)

    • 처음에 유지와 밀가루를 믹싱하여 유지가 밀가루 입자를 얇은 막으로 피복한 후 건조
      재료와 액체 재료 일부를 넣어 덩어리가 생기지 않게 혼합하고, 나머지 액체 재료를
      투입하여 균일하게 믹싱하는 방법이다.

    • 유연하고 부드러운 제품이나 파이 껍질을 제조할 때도 사용되며, 데블스푸드 케이크,
      마블 파운드 등에 사용한다.

ⓒ 복합법(Combined Method)
- 유지를 크림화하여 밀가루를 혼합한 후 달걀 전란과 설탕을 휘핑하여 유지에 균일하게 혼합하는 방법과 달걀흰자와 달걀노른자를 분리하여 달걀노른자는 유지와 함께 크림화 하고 흰자는 머랭을 올려 제조하는 방법이다.
- 부피와 식감이 부드럽다.

ⓔ 설탕물법(Sugar/Water Method)
- 설탕과 물(2 : 1)의 시럽을 사용하는 방법으로 계량이 편리하고 질 좋은 제품을 생산할 수 있다.
- 액당을 사용하는 믹싱법으로 고운 속결의 제품과 계량의 정확성, 운반의 편리성으로 대량 생산 현장에서 많이 사용한다.
- 액당을 사용하기 때문에 제조 공정의 단축, 포장비 절감의 효과가 있으나 액당 저장공간 과 이송 파이프, 계량장치 등 시설비가 높아 대량 생산 공장에서 사용한다.
- 시럽의 당도는 보통 66.7%로 공기 혼입이 양호하여 균일한 기공과 조직의 내상이 필요 한 제품에 적당하며, 베이킹파우더의 양을 10% 정도 절약할 수 있다.

ⓜ 1단계법
- 모든 재료를 한 번에 투입한 후 믹싱하는 방법으로 유화제와 베이킹파우더가 필요하다.
- 거품 올리기 중 공기 혼입이 적어질 수 있어 믹서의 성능과 화학적 팽창제를 사용하는 제품에 적당하다.
- 마들렌, 피낭시에 등 구움 과자 반죽 제조법에 사용한다.

[재료의 전처리]

① 가루류 전처리 : 고운체를 이용하여 바닥 면과 적당한 거리를 두고 공기 혼입이 잘 되도록 체질한다.

② 건조 과일 전처리
ⓞ 건포도의 경우 건포도의 12%에 해당하는 27℃의 물을 첨가하여 4시간 후에 사용한다.
ⓛ 건포도가 잠길 만큼 물을 넣고 10분 이상 두었다가 가볍게 배수시켜 사용한다.

③ 견과류 전처리 : 제품의 용도에 따라 굽거나 볶아서 사용한다.

[반죽 온도 및 비중 조절]

① 반죽 온도 조절

　㉠ 반죽 온도가 낮으면 기공이 조밀해서 부피가 작아져 식감이 나빠지며, 굽기 중 오븐 온도에 의한 증기압을 형성하는 데 많은 시간이 필요하여 껍질이 형성된 후 증기압에 의한 팽창작용으로 표면이 터지고 거칠어질 수 있다.

　㉡ 반대로 반죽 온도가 높으면 기공이 열리고 큰 구멍이 생겨 조직이 거칠게 되어 노화가 빨라진다.

② 마찰 계수(Friction Factor) : 반죽을 제조할 때 반죽기의 휘퍼나 비터가 회전하며 두 표면 사이의 반죽에 의한 마찰 정도를 뜻하며, 반죽 온도에 중요한 요인이 된다.

　㉠ 마찰 계수 계산법

　　마찰 계수 = (반죽 결과 온도 × 6) − (실내 온도 + 밀가루 온도 + 설탕 온도 + 유지 온도 + 달걀 온도 + 물 온도)

　㉡ 사용수 온도 계산법

　　사용수 온도 = (반죽 희망 온도 × 6) − (실내 온도 + 밀가루 온도 + 설탕 온도 + 유지 온도 + 달걀 온도 + 마찰 계수)

　㉢ 얼음 사용량 계량법

　　얼음 사용량 = 물 사용량 × (수돗물 온도 − 사용할 물 온도) / 80 + 수돗물 온도
　　※ 80은 얼음의 비중값을 나타낸 수

③ 비중(Specific Gravity)

　㉠ 비중이 높으면 부피가 작고, 기공이 조밀하고 단단해지며, 무거운 제품이 된다.

　㉡ 비중이 낮으면 기공이 거칠며 부피가 커서 가벼운 제품이 된다.

$$비중 = \frac{같은\ 부피의\ 반죽\ 무게}{같은\ 부피의\ 물\ 무게} = \frac{반죽\ 무게 - 컵\ 무게}{물\ 무게 - 컵\ 무게}$$

　㉢ 제품별 비중

파운드 케이크	0.7~0.8
레이어 케이크	0.8~0.9
스펀지 케이크	0.45~0.55
롤케이크	0.4~0.45

거품형 반죽의 의의

① 달걀의 단백질을 휘핑하면 물리화학적 특성이 변하여 신장성과 믹싱 중 공기를 반죽 내에 끌어 들여 부피가 커지며, 굽기 중 열에 의해 공기가 팽창하고 단백질이 구조가 응고되어 골격을 이룬다.
② 유지를 함유하지 않아 기공이 크고 가벼운 것이 특징이다.

거품형 반죽의 방법

① 공립법 : 흰자와 노른자를 분리하지 않고 전란에 설탕을 넣어 함께 거품을 내는 방법이다.
  ㉠ 더운 공립법
    • 달걀과 설탕을 넣고 중탕하여 37~43℃로 데운 후 거품을 내는 방법이다.
    • 고율 배합 시 사용되며, 기포성이 양호하고 설탕의 용해도가 좋아 껍질 색이 균일하다.
  ㉡ 찬 공립법
    • 중탕하지 않고 달걀과 설탕을 거품 내는 방법으로 저율 배합에 적합한 방법이다.
    • 공기 포집 속도는 느리지만, 튼튼한 거품을 형성하여 베이커리에서 많이 사용된다.
② 별립법
  ㉠ 달걀을 노른자와 흰자를 분리한 뒤 각각 설탕을 넣고 따로 거품 내어 사용한다.
  ㉡ 기포가 단단해 짜서 굽는 제품에 적합한 방법으로, 공립법에 비해 제품의 부피가 크며 부드러운 것이 특징이다.
③ 시폰(Chiffon, 시퐁)형
  ㉠ 달걀의 흰자와 노른자를 분리하여 노른자는 반죽형과 같은 방법으로 제조하고, 흰자는 머랭을 만들어 두 가지 반죽을 혼합하여 제조하는 방법이다.
  ㉡ 반죽형의 부드러움과 거품형의 조직과 기공을 가진 것이 특징이다.
④ 머랭
  ㉠ 달걀흰자에 설탕을 넣어서 거품을 낸 것으로 흰자의 기포성을 증가하기 위해 주석산 크림(Cream of Tartar)을 넣어 사용하기도 한다.
  ㉡ 머랭의 제법에 따라 프렌치 머랭(French Meringue), 이탤리언 머랭(Italian Meringue), 스위스 머랭(Swiss Meringue) 등이 있다.

ⓒ 머랭의 종류
- 프렌치 머랭
  - 냉제 머랭으로 불리며, 가장 기본이 되는 방법이다.
  - 먼저 달걀흰자를 거품 내다가 전분이 포함되지 않는 슈거 파우더(Sugar Powder) 또는 설탕을 조금씩 넣어 주면서 중속으로 거품을 만든다.
  - 주석산 0.5%와 소금 0.3%를 넣고 거품을 올리기도 한다.
- 이탤리언 머랭
  - 거품을 낸 달걀흰자에 115~118℃에서 끓인 설탕 시럽을 조금씩 넣어 주면서 거품을 낸 것이다.
  - 크림이나 무스와 같이 열을 가하지 않는 제품이나 거품의 안정성이 우수하여 케이크 데커레이션용으로 사용한다.
- 스위스 머랭
  - 달걀흰자와 설탕을 믹싱 볼에 넣고 잘 혼합한 후에 43~49℃로 중탕하여 달걀흰자에 설탕이 완전히 녹으면 볼을 믹서에 옮겨 거품을 내서 만드는 것이다.
  - 각종 장식 모양을 만들 때 사용한다.

더THE 알아보기

마카롱
- 머랭을 주 재료로 하고 아몬드가루, 설탕 등으로 만든 과자류이다.
- 코크(Coque) : 껍질을 의미하며, 마카롱에서 크림을 뺀 쿠키 부분을 말한다.
- 피에(Pied) : 발을 의미하고, 코크에서 아래 레이스(물결무늬) 부분을 가리키며 프릴이라고도 한다.
- 필링(Filling) : 크림 사이에 들어가는 잼, 콤포트, 가나슈, 버터크림 등을 가리킨다.
- 몽타주(Montage) : 코크에 필링을 넣고 짝을 맞추는 과정을 말한다.
- 마카로나주(Macaronage) : 머랭과 건조 재료를 혼합하는 과정(폴딩)을 말하며, 반죽을 뒤집어 가며 섞는 과정을 말한다.

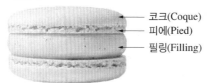
코크(Coque)
피에(Pied)
필링(Filling)

[퍼프 페이스트리]

① 퍼프 페이스트리(Puff Pastry)는 반죽에 이스트를 넣지 않고 구울 때 반죽 사이의 유지가 녹아 생긴 공간을 수증기압으로 부풀리며, 반죽이 늘어지는 성질이 좋기 때문에 결을 많이 만들 수 있다.

② 퍼프 페이스트리의 일반적 배합률

재료	기본 비율(%)	참고
밀가루(강력분)	100	용도에 따라 중력분 혼합 사용
유지	100	충전용과 반죽 사용량 포함
물	50	반죽 온도 조절
소금	1~3	유지가 무염과 가염에 따라 가감

[퍼프 페이스트리 반죽의 분류]

① 접이형 반죽
- ㉠ 밀가루에 물과 유지의 일부를 넣어 글루텐을 발전시켜 반죽한 후, 반죽에 충전용 유지를 넣어 밀어 펴고 접기를 반복하는 방법이다.
- ㉡ 프랑스식 또는 롤인법(Roll-in Type)이라 하며, 공정이 어려운 대신 큰 부피와 균일한 결을 얻을 수 있다.

② 반죽형 반죽
- ㉠ 밀가루 위에 유지를 넣고 잘게 자르듯 혼합하여 유지가 호두 크기 정도가 되면 물을 넣어 반죽을 만들어 밀어 펴는 반죽 방법이다.
- ㉡ 스코틀랜드식이라고 하며 작업이 간편하나, 덧가루를 많이 사용하고 결이 균일하지 않아 단단한 제품이 되기 쉽다. 각종 파이를 제조할 때 많이 사용된다.
- ㉢ 유지는 사용하기 전까지 냉장고에 넣어 두며, 차가운 물로 반죽을 한다.

③ 충전용 유지
- ㉠ 충전용 유지는 외부의 힘에 의해 형태가 변한 물체가 외부 힘이 없어져도 원래의 형태로 돌아오지 않는 물질의 성질, 즉 가소성 범위가 넓은 것이 작업하기에 좋다.
- ㉡ 고온에서 액체가 되고 저온에서 너무 단단해지는 버터보다 가소성의 범위가 넓은 파이용 마가린을 사용하는 것이 좋다.

[부속물의 종류]

타르트, 파이, 슈 등의 내용물로 채우는 것으로, 필링(Filling)이라고 부르는 충전물과 제품 위에 올리거나 코팅하는 토핑(Topping)물이 있다.

[충전물의 종류]

① 크림 충전물

　㉠ 우유나 생크림을 주재료로 하고 달걀, 설탕, 버터 등의 재료를 더한 것이다.

　㉡ 달걀에 설탕과 우유를 더한 커스터드 크림, 버터에 설탕 또는 시럽을 넣고 거품을 내
　　공기를 포함시킨 버터크림, 초콜릿에 생크림을 더한 가나슈 크림, 버터와 설탕을 섞어
　　달걀을 넣어 거품을 낸 아몬드 크림 등이 있다.

 더THE 알아보기

　커스터드.크림 제조 시 주의할 점
　• 우유를 완전히 끓이면 표면에 단백질 막이 생기고 끓어 넘칠 염려가 있다.
　• 데운 우유를 노른자에 혼합할 때 한꺼번에 넣으면 덩어리지거나 달걀노른자가 익을 수 있다.
　• 우유와 혼합한 후 다시 끓일 때 덜 끓이면 빨리 상하게 되고, 너무 끓이면 농도가 진해져 체에 내리기 어렵다.
　• 다 된 크림은 넓은 스테인리스 그릇 등에 옮겨서 식혀야 냄비 잔열로 인한 갈변, 뭉침 등을 막을 수 있다.
　• 커스터드 크림을 빨리 식혀야 균의 증식을 막을 수 있으며, 잘 상하므로 식으면 냉장 보관한다.

　가나슈 크림 제조 시 주의할 점
　• 가나슈 크림은 카카오 버터와 생크림의 수분이 합쳐져 유화가 일어나는데, 카카오 버터의 함량이 지나치게 많거나
　　카카오 매스가 포함되지 않은 화이트 초콜릿은 유지의 비율이 높아 분리되기 쉽다.
　• 가나슈 크림이 분리된 경우 스테인리스 그릇에 분리된 가나슈 크림의 일부와 새로 생크림을 소량 넣고 유화시킨
　　다음, 분리된 가나슈 크림을 조금씩 넣으며 섞는다.
　• 초콜릿과 생크림을 지나치게 섞으면 공기가 함유되어 상하는 원인이 될 수 있다.

② 기타 충전물

　㉠ 생과일, 과일 퓌레에 설탕 등을 넣고 졸여 만든 잼, 필링 등이 있다.

　㉡ 버터크림을 베이스로 아몬드 파우더를 섞어 내열성을 갖게 만드는 아몬드 크림 등이
　　있다.

[토핑물]

① 토핑물은 완성된 제품 위에 올려 제품의 맛과 디자인을 개선하기 위해 사용한다.

② 주로 내열성이 없는 경우가 많아 가열 시 변색되거나 물성이 변하는 경우가 많다.

③ 주로 잼류나 과일 필링, 혼당 등이 있다.

[장식물]

① 제품의 디자인적 완성도를 높이기 위하여 더해 주는 것으로 다양한 원료나 제품을 장식물로 사용할 수 있다.

② 수분이 많은 크림 위에 장식되는 경우가 많아서 수분에 강한 장식물이 유리하다.

③ 초콜릿이나 머랭, 마지팬, 설탕 공예품, 파스티아주 등이 있다.

[다양한 반죽]

① 거품형 반죽, 반죽형 반죽, 퍼프 페이스트리 외에 다양한 방법으로 혼합하는 반죽을 의미한다.

② 슈, 타르트, 밤과자, 찹쌀도넛, 치즈케이크, 푸딩 등의 반죽을 포함한다.

 더THE 알아보기

　슈 반죽

　• 슈(Choux)는 표면이 갈라지고 부푼 모양이 양배추와 비슷해서 붙여진 이름이다.

　• 슈 반죽은 밀가루, 물, 유지, 달걀, 소금을 주재료로 하고 화학적 팽창제 또는 탄산수소 암모늄을 첨가하기도 한다.

　• 슈는 굽는 동안 반죽 안의 수분이 수증기로 변하여 팽창하면서 속이 비는 모양이 형성된다.

[초콜릿 공예 반죽]

① 초콜릿 템퍼링(Tempering)

　㉠ 초콜릿 사용 전 카카오 버터를 미세한 결정으로 만들어 매끈한 광택의 초콜릿을 만드는 과정이다.

　㉡ 초콜릿의 모든 성분이 녹도록 49℃로 용해한 다음 26℃ 전후로 냉각하고 다시 적절한 온도(29~31℃)로 올리는 일련의 작업이다.

　㉢ 템퍼링을 통해 광택이 있고 입안에서 용해성이 좋아지며, 블룸 현상을 방지할 수 있다.

② 초콜릿 템퍼링 방법

대리석법 (Tabling Method)	중탕한 초콜릿의 2/3~3/4을 대리석에 부은 다음 스패출러를 이용하여 교반한 뒤 온도를 떨어트리는 방법으로, 숙련도가 필요한 작업이다.
접종법 (Seeding Method)	중탕한 초콜릿에 잘게 자른 초콜릿을 더해 녹이면서 전체적인 온도를 내리는 방법이다.
수랭법 (Water Bath Method)	중탕한 초콜릿에 얼음물 또는 찬물을 밑에 대고 저으면서 온도를 내리는 방법이다. 양이 적으면 얼음물에 닿는 그릇 밑바닥이 식어 굳어 버리므로 잘 섞어야 한다.

[설탕 공예 반죽]

① 동냄비에 설탕과 물을 넣고 중불에 올려 거품이 생기기 시작하면 거품을 걷어내면서 끓인다.

② 시럽 온도가 130~140℃가 되면 물에 녹인 주석산 7~8방울을 넣는다.

③ 각 배합의 적정 온도(165~170℃)로 시럽이 끓으면 불을 끄고, 온도가 더 이상 올라가지 않도록 동냄비의 밑면을 차가운 물에 담근다.

④ 실리콘 페이퍼 또는 실리콘 몰드에 시럽을 부어 굳힌다.

⑤ 굳으면 제습제를 넣고 비닐 또는 밀폐 용기에 담아 보관한다.

| 제2절 | 과자류 제품 반죽정형 |

[케이크류 정형]

① **짜내기** : 반죽을 짤주머니에 넣고 일정한 크기와 모양으로 철판에 짜내는 방법이다.

② **찍어내기** : 반죽을 밀어 펴기 하여 다양한 형태의 형틀을 이용해 원하는 모양을 찍어 뜨는 방법이다.

③ **패닝(Panning, 팬닝)하기** : 다양한 모양을 갖춘 틀(팬)에 반죽을 채워 넣고 구워 형태를 만드는 방법이다.

④ **냉각하기** : 틀에 부은 반죽을 굳히는 제품(무스, 젤리, 바바루아 등)은 자연 냉각을 시키거나 냉장고 또는 냉수에 냉각시킨다.

[팬 용적 계산법]

① **사각 팬** : 가로×세로×높이

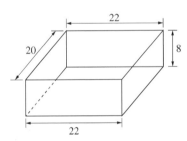

팬 용적 : $22 \times 20 \times 8 = 3,520 (cm^3)$

② **경사진 옆면을 가진 사각 팬** : 평균 가로×평균 세로×높이

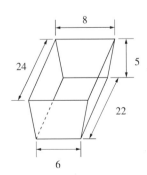

팬 용적 : $7 \times 23 \times 5 = 805 (cm^3)$

③ 원형 팬 : 반지름×반지름×π(3.14)×높이

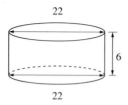

팬 용적 : $11 \times 11 \times \pi(3.14) \times 6 = 2{,}279.64(cm^3)$

④ 경사진 옆면을 가진 원형 팬 : 평균 반지름×평균 반지름×π(3.14)×높이

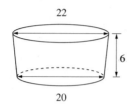

팬 용적 : $10.5 \times 10.5 \times \pi(3.14) \times 6 = 2{,}077.11(cm^3)$

⑤ 경사진 옆면과 안쪽에 경사진 관이 있는 원형 팬

    ㉠ 외부 팬 용적 = 평균 반지름×평균 반지름×π(3.14)×높이

    ㉡ 내부 팬 용적 = 평균 반지름×평균 반지름×π(3.14)×높이

    ㉢ 실제 팬 용적 = 외부 팬 용적 – 내부 팬 용적

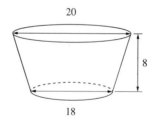

    • 외부 팬 용적 = $9.5 \times 9.5 \times \pi(3.14) \times 8 = 2{,}267.08(cm^3)$

    • 내부 팬 용적 = $2.5 \times 2.5 \times \pi(3.14) \times 8 = 157(cm^3)$

    • 실제 팬 용적 = $2{,}267.08 - 157 = 2{,}110.08(cm^3)$

⑥ 치수 측정이 어려운 팬

    ㉠ 제품별 비용적에 따라 적정한 반죽의 양을 결정

    ㉡ 평지(유채)씨(Rape Seed)를 수평으로 담아 메스실린더로 계량

    ㉢ 물을 수평으로 담아 계량

[반죽의 비용적]

① 비용적 : 단위 무게당 차지하는 부피

② 제품에 따른 비용적

제품	비용적
파운드 케이크	2.4cm^3/g
레이어 케이크	2.96cm^3/g
엔젤푸드 케이크	4.71cm^3/g
스펀지 케이크	5.08cm^3/g

[각 제품의 적정 패닝 양(팬 높이)]

① 제품의 반죽 양 : 팬 용적 ÷ 팬 비용적

② 팬의 부피를 계산하지 않을 경우

　　㉠ 거품형 반죽 : 팬 부피의 50~60%

　　㉡ 반죽형 반죽 : 팬 부피의 70~80%

　　㉢ 푸딩 : 팬 부피의 95%

[팬 관리]

① 팬 오일(이형유)

　　㉠ 제품 패닝 시 사용하는 팬(틀)은 팬 오일(이형유)을 바른 후 사용해야 한다.

　　㉡ 이형유는 제품이 팬에 들러 붙지 않고 구운 후에 팬에서 잘 이탈되도록 하는 것이다.

② 종류 : 유동파라핀, 정제 라드(쇼트닝), 식물유(면실유, 대두유, 땅콩기름), 혼합유 등

③ 팬 오일의 조건

　　㉠ 발연점이 높아야 한다.

　　㉡ 고온이나 장시간의 산패에 잘 견디는 안정성이 있어야 한다.

　　㉢ 무색, 무미, 무취로 제품의 맛에 영향이 없어야 한다.

　　㉣ 바르기 쉽고 골고루 잘 발라져야 한다.

　　㉤ 고화되지 않아야 한다.

[반죽 상태에 따른 쿠키의 분류]

① 반죽형 쿠키

   ⊙ 드롭 쿠키(Drop Cookies)

      • 달걀과 같은 액체 재료의 함량이 높아 반죽을 페이스트리 백에 넣어 짜서 성형한다.

      • 소프트 쿠키라고도 하며, 반죽형 쿠키 중 수분 함량이 가장 많고 저장 중에 건조가 빠르고 잘 부스러진다.

   ⓛ 스냅 쿠키(Snap Cookies)

      • 드롭 쿠키에 비해 달걀 함량이 적어 수분 함량이 낮고 반죽을 밀어 펴서 원하는 모양을 찍어 성형하는 쿠키이다.

      • 슈거 쿠키라고도 하며, 낮은 온도에서 구워 수분 손실이 많아 바삭바삭한 것이 특징이다.

   ⓒ 쇼트브레드 쿠키(Shortbread Cookies)

      • 버터와 쇼트닝과 같은 유지 함량이 높고, 반죽을 밀어 펴서 정형기(모양틀)로 원하는 모양을 찍어 성형한다.

      • 유지 사용량이 많아 바삭하고 부드러운 것이 특징이다.

② 거품형 쿠키

   ⊙ 머랭 쿠키(Meringue Cookies)

      • 달걀흰자와 설탕을 주재료로 만들고 낮은 온도에서 건조시키는 것처럼 착색이 지나치지 않게 구워내는 쿠키이다.

      • 밀가루는 흰자의 1/3 정도를 사용할 수 있고 짤주머니에 넣어 짜서 정형한다.

   ⓛ 스펀지 쿠키(Sponge Cookies)

      • 수분 함량이 가장 높은 쿠키이다.

      • 스펀지 케이크 배합률과 비슷하나 밀가루 함량을 높여 분할 시 팬에서 모양이 유지되도록 구워 내며 짜는 형태의 쿠키이다.

      • 분할 후 상온에서 건조하여 구우면 모양 형성이 더 잘 된다.

[제조 방법에 따른 쿠키의 분류]

① 짜내는 쿠키

   ⊙ 반죽을 짤주머니에 넣고 일정한 크기와 모양으로 철판에 짜내는 방법으로 드롭 쿠키나 거품형 쿠키가 이에 해당한다.

   ⓛ 정형한 크기와 모양, 간격이 일정해야 한다.

   ⓒ 깍지의 모양에 따라 다양한 형태의 제품을 만들 수 있으며, 장식물은 굽기 중 껍질이 형성되기 전에 올려준다.

② 밀어 펴는(찍어 내기) 쿠키

　　㉠ 반죽을 일정한 두께로 밀어 펴고 다양한 형태의 정형기(모양틀)를 이용해 원하는 모양을 찍어 내거나 알맞은 크기로 잘라 만드는 방법이다.

　　㉡ 액체 재료 함량이 적고, 정형 전 충분한 휴지를 하고 밀어 펼 때 덧가루를 뿌리고 밀어 펴기를 한다.

③ 냉장(냉동) 쿠키 : 반죽을 철판에 채우거나 원하는 모양으로 정형하여 유산지 등에 싼 후 냉장(냉동)한 뒤, 필요시 칼로 알맞은 크기와 너비로 잘라 패닝 후 굽는 쿠키이다.

④ 손으로 만드는 쿠키 : 반죽형 쿠키 반죽을 제조하여 손으로 정형하여 만드는 쿠키이다.

⑤ 마카롱 쿠키 : 아몬드 분말이나 페이스트를 사용한 달걀흰자와 설탕으로 만든 머랭 쿠키이다.

더THE 알아보기

쿠키류 정형 시 유의사항
- 반죽의 온도와 반죽 후 시간에 따라 물성이 변한다.
- 같은 철판에 구울 쿠키는 일정한 모양과 크기를 가져야 하고 간격도 균일해야 한다.
- 철판에 기름칠이 과도하면 퍼짐성이 크게 된다.
- 장식물은 쿠키의 표피가 건조되기 전에 올려 놓아야 구운 후 떨어지지 않는다.
- 쿠키의 퍼짐성

　　퍼짐률 = 직경 ÷ 두께

　　– 반죽 중 남아 있는 설탕은 굽기 중에 오븐 열에 녹아서 쿠키 표면을 크게 한다.
　　– 고운 입자의 설탕은 퍼짐성이 나쁘며, 조밀하고 밀집된 기공을 만든다.

[퍼프 페이스트리의 분류와 제법]

① 짧은 결의 반죽(Short Pastry)

　　㉠ 밀가루에 단단한 유지를 넣고 스크래퍼를 사용하여 유지를 콩알만한 크기로 자르고 물과 소금을 넣고 가볍게 반죽한다.

　　㉡ 반죽된 생지는 냉장고에서 휴지시킨 후 적당한 두께로 바로 밀어 사용하며, 주로 파이 껍질 반죽으로 사용한다.

② 긴 결의 반죽(Quick Puff Pastry)

　　㉠ 짧은 결의 반죽과 동일하게 반죽 후 냉장 휴지시킨 다음, 밀어 펴서 접기를 수차례 시행한다.

　　㉡ 시간은 약간 걸리지만, 짧은 결보다 완제품의 결이 살아 있다.

③ 접는 파이 반죽(Puff Pastry)

　　㉠ 충전용 유지를 사용하는 파이 반죽이다.

　　㉡ 밀어 펴기는 3회 3겹 접기를 실시한 후 사용한다.

④ 템포타이크(Tempoteig) : 도(Dough, 도우) 반죽은 짧은 결의 반죽처럼 하여 반죽 시 들어간 유지만큼 충전용 유지로 다시 사용하고 밀어 펴기를 수차례 반복한 반죽이다.

[퍼프 페이스트리 정형 공정]

① 휴지

  ㉠ 반죽은 마르지 않도록 비닐에 싸서 냉장(0~4℃)에서 20~30분간 휴지시킨다.

  ㉡ 휴지를 통해 반죽 내의 전 재료의 수화를 돕고 페이스트리 반죽과 충전용 유지의 되기(Consistency)를 맞출 수 있다.

  ㉢ 밀어 펴기가 용이하고 끈적거림을 방지하여 작업성이 향상된다.

  ㉣ 휴지 과정을 거치지 않아 충전용 유지가 너무 무르면 반죽 층 사이로 유지가 흘러나와 결을 만들지 못한다.

  ㉤ 휴지가 너무 지나치면 딱딱한 유지 덩어리로 인해 반죽을 밀어 펼 때 반죽 층이 찢어져 연속적인 층을 파괴하여 균일한 두께의 페이스트리를 만들 수 없게 된다.

② 접기

  ㉠ 반죽을 정사각형으로 만들고 충전용 유지를 넣어 밀어 편 후 접는다.

  ㉡ 밀어 펴기 후 최초 크기로 3겹을 접는다.

  ㉢ '휴지 - 밀어 펴기 - 접기'를 반복한다.

  ㉣ 반죽의 가장자리는 항상 직각이 되도록 한다.

③ 밀어 펴기

  ㉠ 유지를 배합한 반죽을 냉장고(0~4℃)에서 30분 이상 휴지시킨다.

  ㉡ 휴지 후 밀어 펴기를 할 때 균일한 두께(1~1.5cm)가 되도록 한다.

  ㉢ 수작업인 경우에는 밀대로, 기계는 파이롤러를 이용한다.

④ 정형

  ㉠ 칼, 파이롤러, 커터 등으로 절단해야 한다.

  ㉡ 파지(자투리)를 최소화한다.

  ㉢ 굽기 전 30~60분간 휴지시킨다.

  ㉣ 굽는 면적이 넓은 경우 또는 충전물이 있는 경우 껍질에 작은 구멍을 내 준다.

⑤ 반죽 보관

  ㉠ 이스트를 사용하지 않았기 때문에 정형한 반죽은 포장하여 냉장고(0~4℃)에서 4~7일까지 보관이 가능하다.

  ㉡ −20℃ 이하의 냉동고에서는 수분 증발을 방지하여 장기간 보존할 수 있으나, 구울 때 해동해야 한다.

⑥ 반죽 접기 시 주의할 점

온도 관리	반죽의 접기 작업 전 냉장고에 넣어 휴지를 하며, 작업실이 18℃보다 높으면 밀어 펴기가 잘 되지 않고, 작업성이 떨어진다.
과도한 덧가루 금지	사용한 덧가루는 붓으로 털어내지 않으면 제품에 밀가루가 많이 묻어 광택이 없고, 팽창력도 떨어져 제품의 품질이 떨어진다.
90°씩 방향을 바꾸어 밀기	반죽이 밀린 방향으로 수축하기 때문에, 90°씩 방향을 바꾸어 밀어 편다.
반죽이 마르지 않도록 하기	반죽의 표면이 마르면 갈라져 밀어 펴기 어려워지기 때문에 휴지 시간에 비닐을 덮어야 한다.

[균일한 정형의 중요성]

① 균일한 정형은 굽기 과정에서 균일한 열 전달에 매우 중요한 요소이다.

② 제품의 크기나 중량이 다르거나 간격이 일정하지 않으면, 열 전달이 일정하지 않아 너무 빨리 구워져 크기가 작아지거나 너무 느리게 구워져 갈라지는 문제가 생기기 쉽다.

③ 어느 한 쪽만 먼저 구워져 제품의 형태가 비대칭적으로 나올 수 있어 균일한 형태와 모양, 배치가 중요하다.

[슈 성형 공정 시 실패 원인]

① 크기와 모양이 균일하지 않다.
 → 짜 놓은 반죽의 크기가 일정하지 않거나 간격을 너무 좁게 짰을 때 서로 퍼지며 붙게 된다.

② 부피가 작다.
 → 표면의 수분이 적정하면 껍질 형성을 지연시켜 부피를 좋게 하지만, 수분이 너무 많으면 과다한 수증기로 인해 부피가 작은 제품이 된다.

③ 슈의 껍질이 불균일하게 터진다.
 → 짜 놓은 반죽을 장시간 방치하면 표면이 건조되어 마른 껍질이 만들어져 굽는 동안 팽창 압력을 견디는 신장성을 잃게 된다.

④ 바닥 껍질에 공간이 생긴다.
 → 팬 오일이 과다하면 구울 때 슈 반죽이 팬으로부터 떨어지려 하여 바닥 껍질 형성이 느리고 공간이 생긴다.

[타르트 성형 공정 시 실패 원인]

팬에 반죽을 넣을 때 밑바닥에 반죽을 밀착시켜 공기를 빼주어야 하며, 공기가 빠지지 않으면 밑바닥이 뜨는 원인이 된다. 이때 타르트 반죽을 밀어 편 후 피케(Piquer)롤러(파이롤러)나 포크로 구멍을 내 주어야 빈 공간이 생기지 않는다.

[파이 성형 공정 실패 원인]

① 반죽을 너무 얇게 밀어 펴면 정형 공정 시 또는 구울 때 방출되는 증기에 의해 찢어지기 쉽고, 파치 반죽을 너무 많이 사용하면 수축되기 쉽다.
② 밀어 펴기가 부적절하거나 고르지 않아도 찢어지기 쉽다.
③ 성형 작업 시 덧가루를 과도하게 사용한 반죽은 글루텐 발달에 의해 질긴 반죽이 되기 쉽다.

[도넛 성형 공정 시 실패 원인]

① 강력분이 들어간 케이크 도넛 반죽은 단단하여 팽창을 저해하고, 10~20분간의 플로어 타임을 주지 않으면 반죽을 단단하게 한다.
② 반죽 완료 후부터 튀김 시간 전까지의 시간이 지나치게 경과한 경우에는 부피가 작다.
③ 밀어 펴기 시 두께가 일정하지 않거나 많은 양치 파치(Waster) 반죽을 밀어서 성형한 경우 모양과 크기가 균일하지 않을 수 있다.
④ 밀어 펴기 시 과다한 덧가루는 튀긴 후에도 표피에 밀가루 흔적이 남아 튀긴 후 색이 고르지 않다.

[오븐]

① 오븐의 구조

    ㉠ 하부에 열원이 있어 따뜻해진 공기의 자연 대류와 방사열에 의해 가열되는 방식

    ㉡ 내부 상하에 전기 히터(Heater)가 부착되어 있어 그것으로부터의 방사열로 가열되는 방식

    ㉢ 가열된 공기가 내부에 부착된 팬(Fan)에 의해 순환하여 강제 대류가 일어나 열이 전달되는 방식

② 오븐의 종류

데크 오븐 (Deck Oven)	• 일반적으로 가장 많이 사용 • 독립적으로 상하부의 온도를 조절할 수 있음 • 온도가 균일하게 형성되지 않음 • 각각의 선반 출입구를 통해 손으로 꺼내고 넣기 편리 • 제품이 구워지는 상태를 눈으로 확인 가능
로터리 랙 오븐 (Rotary Rack Oven)	• 오븐 속 선반이 회전하여 구워짐 • 내부 공간이 커 많은 양의 제품을 구울 수 있음
터널 오븐 (Tunnel Oven)	• 반죽이 들어가는 입구와 제품이 나오는 출구가 서로 다름 • 다양한 제품을 대량 생산할 수 있음 • 다른 기계들과 연속 작업을 통해 제과·제빵의 전 과정을 자동화할 수 있음
컨백션 오븐 (Convection Oven)	• 고온의 열을 강력한 팬을 이용해 강제 대류시키며 구움 • 데크 오븐에 비해 전체적인 열 편차가 적고 조리 시간이 짧음

[과자류 제품 굽기에 영향을 주는 요인]

① 가열에 의한 팽창

    ㉠ 오븐 온도에서 반죽의 공기와 이산화탄소가 팽창을 일으키고 액체로부터 수증기가 생성된다.

    ㉡ 가열에 의해 단백질이 변성 응고, 전분이 호화되는 동안 기공이 늘어나 얇은 상태로 유지하게 해 준다.

② 팬의 재질

    ㉠ 얇은 팬이 반죽의 중심까지 열이 빠르게 침투할 수 있다.

    ㉡ 깊이가 깊은 팬에서 구운 케이크는 얇은 팬에서 구운 케이크보다 중심부에 틈이 생기기 쉽다.

    ㉢ 굽는 팬이 어둡고 흐리다면 열 침투가 우수하여 반죽이 고르게 가열된다.

③ 오븐 온도
  ㉠ 고배합의 반죽은 160~180℃의 낮은 온도에서 오래 굽고, 저배합의 반죽은 높은 온도에서
    굽는다.
  ㉡ 오버 베이킹(Over Baking) : 굽는 온도가 너무 낮으면 조직이 부드러우나 윗면이 평평하
    고 수분 손실이 크게 된다.
  ㉢ 언더 베이킹(Under Baking) : 굽는 온도가 너무 높으면 중심 부분이 갈라지고 조직이
    거칠며 설익을 수 있다.

[굽기 중 색 변화]

① 캐러멜화 반응(Caramelization)
  ㉠ 당이 녹을 정도의 고온(160℃)으로 가열하면 여러 단계의 화학 반응을 거쳐 보기 좋은
    갈색으로 변하는 과정을 거친다.
  ㉡ 색깔의 변화와 당류 유도체 혼합물의 변화로 향미의 변화가 동시에 일어난다.
② 메일라드(마이야르) 반응(Maillard Reaction) : 비효소적 갈변 반응으로 당류와 아미노산,
  펩타이드, 단백질 모두를 함유하고 있기 때문에 대부분의 모든 식품에서 자연 발생적으로
  일어난다.

[과자류 제품 반죽 튀기기]

① 튀김유의 조건
  ㉠ 색이 연하고 투명하며, 광택이 있는 것
  ㉡ 냄새가 없고, 기름 특유의 원만한 맛을 가진 것
  ㉢ 가열했을 때 냄새가 없고 거품의 생성이나 연기가 나지 않을 것
  ㉣ 열 안정성이 높은 것
  ㉤ 항산화 효과가 있는 토코페롤을 다량 함유한 기름
② 튀김유의 선택
  ㉠ 튀김유는 여러 번 사용하게 되면 지질 과산화물 수치와 산가가 높아지고, 점도가 증가하여
    작은 거품이 생기며 색이 진해진다.
  ㉡ 튀김에 적합한 기름은 정제가 잘 된 대두유, 옥수수기름, 면실유 등이 있다.

③ 튀김 과정

    ㉠ 150~180℃의 고온에서 단시간 조리하므로 튀김 재료의 수분이 급격히 증발하고, 기름이 흡수되어 바삭한 질감과 함께 휘발성 향기 성분이 생성된다.

    ㉡ 영양소나 맛의 손실이 적다.

    ㉢ 튀김 시 재료의 수분 증발을 원하지 않을 때는 수분이 많은 튀김옷을 입혀, 튀김옷의 수분만 증발되게 하면서 열이 내부로 전달되어 재료가 익도록 한다.

    ㉣ 재료의 탈수를 시켜야 하는 감자칩은 재료에 튀김옷을 씌우지 않거나 전분을 약간 발라 튀겨야 한다.

    ㉤ 튀김 재료의 10배 이상 충분한 양의 기름을 사용하며, 직경이 작고 두꺼운 금속 용기를 사용하여 튀길 때 기름 온도 변화를 작게 해야 한다.

④ 튀김 시 기름 흡수에 영향을 주는 조건

기름의 온도와 가열 시간	튀김 시간이 길어질수록 흡유량이 많아짐
식품 재료의 표면적	튀기는 식품의 표면적이 클수록 흡유량이 증가
재료의 성분과 성질	• 당, 지방의 함량, 레시틴의 함량, 수분 함량이 많을 때 기름 흡수가 증가 • 달걀노른자의 레시틴은 흡유량을 증가시킴 • 박력분을 사용할 경우 강력분을 사용하는 경우보다 흡유량이 더 많음

⑤ 튀김 기름의 가열에 의한 변화

    ㉠ 열로 인해 산패가 촉진되며, 유리지방산과 이물의 증가로 발연점이 점점 낮아진다.

    ㉡ 지방의 점도가 증가하며, 튀기는 동안 단백질이 열에 의해 분해되어 생긴 아미노산과 당이 메일라드 반응에 의해 갈색 색소를 형성하여 색이 짙어진다.

    ㉢ 튀김 기름의 경우 거품이 형성된다.

[찹쌀 도넛의 제품 평가]

① 도넛에 기름이 많다.

    ㉠ 튀김 시간이 길어지며, 튀기는 동안 표면적이 넓어져 기름의 흡수율이 높아진다.

    ㉡ 설탕, 유지, 팽창제의 사용량이 많으면 기공이 열리고 구멍이 생겨 기름이 많이 흡수된다.

② 기공이 열리고 조직이 거칠다.

    ㉠ 강력분을 많이 쓰게 되면 반죽이 단단하여 튀기는 동안 큰 공기 구멍이 생긴다.

    ㉡ 베이킹파우더 사용량이 많거나 속효성 팽창제를 쓰며, 반죽에 가스가 많이 발생해 기공이 열리고 조직이 거칠어진다.

③ 튀김 색이 고르지 않다.

    ㉠ 튀김 기름의 온도가 다르며, 열선으로부터 나오는 열이 기름 전체에 퍼지지 않는다.

    ㉡ 어린 반죽으로 만들면 색이 옅고, 지친 반죽으로 만들면 짙은 색의 도넛을 만든다.

[과자류 제품 반죽 찌기]

① 찌기

    ㉠ 수증기를 이용해 식품을 가열하는 방법이다.

    ㉡ 단백질의 열변성과 전분의 α화가 일어난다.

② 찌기 중 달걀의 열응고성 변화

    ㉠ 커스터드는 달걀의 열 응고성을 이용한 대표적인 음식으로 희석 정도, 첨가물의 종류와 양에 따라 응고 온도, 응고 시간, 조직감이 달라진다.

    ㉡ 커스터드 푸딩 제조 시 증기의 온도가 85~90℃ 이상으로 되지 않도록 주의해야 한다.

초콜릿 제품 만들기

[**초콜릿의 원료 및 종류**]

① 초콜릿 원료

　㉠ 카카오 나무는 고온 다습 지역에서만 재배 가능하다.

　㉡ 카카오 열매의 크기는 길이 10~20cm, 직경 5~15cm 정도로, 껍질을 벗기면 내부에 20~60개 정도의 백색 또는 엷은 자색의 종자가 들어 있다.

　㉢ 카카오 열매에 함유되어 있는 기름을 코코아 버터라고 하며, 방향성이 있어 초콜릿 특유의 촉감, 풍미 등이 나타난다.

② 초콜릿 관련 용어

카카오 배유	카카오 콩을 볶아 껍질과 배아를 제거한 것
카카오 니브	카카오 배유를 거칠게 분쇄한 것
카카오 매스	카카오 배유를 분쇄한 것으로 알칼리 처리한 것도 포함
카카오 버터	카카오 열매, 카카오 배유, 카카오 매스에서 얻은 유지
코코아 분말	카카오 케이크(카카오 배유 또는 카카오 매스에서 유지의 일부를 제거한 것)를 분쇄한 것

③ 초콜릿의 종류

카카오 매스	• 100% 순수한 코코아로 비터 초콜릿이라고 함 • 볶은 카카오 열매의 외피와 배아를 제거한 후 배유를 균일하고 곱게 분쇄한 것으로 특유의 쓴맛이 남
다크 초콜릿	• 쓴맛의 카카오 매스에 코코아 버터, 설탕 등을 첨가하고 첨가물로 레시틴, 바닐라향 등을 넣어 만든 초콜릿 • 유지 함량이 높아 유동성이 좋고 초콜릿 향과 맛이 강함
화이트 초콜릿	• 카카오 매스에서 카카오 고형분을 제거하고 남은 코코아 버터에 설탕, 분유, 레시틴, 바닐라향 등을 넣어 만든 백색의 초콜릿 • 코코아 버터를 20% 이상 함유하고, 유고형분이 14% 이상
밀크 초콜릿	• 다크 초콜릿에 분유를 넣어 만든 것 • 코코아 고형분을 25% 이상 함유하고, 유고형분이 12% 이상
코팅용 초콜릿	• 카카오 매스에서 코코아 버터를 제거하고 남은 카카오 고형분에 식물성 유지와 설탕 등을 첨가하여 흐름성 좋게 만든 초콜릿 • 템퍼링 과정 없이 코팅용으로 쉽게 사용 가능

[초콜릿 가공]

① 1차 가공

발효(Fermentation)	• 카카오 열매를 생산하여 발효시키는데, 발효 정도에 따라 맛의 차이가 남 • 카카오 열매에 함유된 당분과 섬유질을 제거하고 싹이 나는 것을 방지함 • 발효 중 카카오 열매의 온도 상승, 팽창, 갈색으로 껍질 색 변화, 자극성 있는 쓴맛 상실, 초콜릿 특유의 향 등이 형성됨 • 발효가 정상적으로 이루어지지 않으면 초콜릿 특유의 향이 나지 않음
건조(Drying)	• 발효된 카카오 열매를 건조하여 수분 함량을 6~8%로 맞춤 • 건조는 약 2주 정도 소요되며, 인공 또는 자연 건조를 함
저장(Storage)	• 습기가 없는 건조한 곳에 저장하여 부패 방지 • 유해 곤충이나 서류 등에 의한 손상이 발생하지 않도록 주의

② 2차 가공

㉠ 카카오 매스 제조

콩의 선별 (Cleaning)	• 발효되지 않은 콩, 미숙한 콩, 깨진 콩 등을 선별 • 돌, 금속, 먼지 등 이물질 제거
볶기 (Roasting)	• 카카오 열매를 130~140℃의 온도 범위에서 볶아 수분 함량이 1% 이하가 되도록 함 • 껍질 제거, 신맛과 쓴맛 감소, 단맛 증가, 초콜릿 특유의 풍미 생성, 전분의 가용화, 갈변 반응 등이 일어남
파쇄, 분별 (Grinding, Selection)	• 볶은 콩을 롤러로 거칠게 분쇄하여 껍질과 배아를 제거하고 배유만 선별 • 거칠게 분쇄한 순수한 배유를 카카오 니브(Cacao Nib)라 함
배합 (Mixing)	카카오 배유를 페이스트 상태로 만든 것을 카카오 매스(Cacao Mass), 코코아 페이스트(Cocoa Paste), 초콜릿 리큐어(Chocolate Liquor)라고도 함

㉡ 코코아 분말 제조

• 카카오 매스에서 코코아 버터를 제거한 후 남는 고형분을 건조 및 분쇄하여 만든다.
• 코코아 분말은 용해성이 우수해야 식감이 좋으나 수분 흡수성이 강하기 때문에 방수 포장을 해야 한다.

천연 코코아 (Natural Cocoa)	발효하여 산성인 카카오 배유를 그대로 분쇄하여 제조한 것
더치 코코아 (Dutched Cocoa)	• 탄산염, 탄산수소 칼륨염, 소다염 등으로 알칼리 처리하여 중화시킨 것 • 코코아의 쓴맛과 떫은맛 제거, 농후한 다갈색, 용해성 증가, 풍미와 맛이 개선됨

ⓒ 초콜릿 제조

혼합	• 카카오 매스와 코코아 버터를 따뜻한 상태에서 혼합 • 스위트 초콜릿은 60℃, 밀크 초콜릿은 40~50℃에서 혼합
미립자화	혼합한 초콜릿을 롤러에 통과시켜 초콜릿의 고형분 입자와 첨가물인 설탕이나 분유 등을 작은 크기의 미립자로 만드는 과정
정련	미립자화한 초콜릿을 60~80℃의 온도를 유지하면서 48~96시간 동안 정련(Conching) 공정을 거치면 수분 제거, 휘발성 산이나 탄닌의 쓴맛 제거, 미세한 입자 형성, 광택 증가, 풍미 개선 등의 물리·화학적 변화가 일어나며 균질화됨
템퍼링	• 안정한 결정의 코코아 버터를 만들기 위해 온도를 조절하는 작업 • 템퍼링이 잘 된 초콜릿은 광택이 나며, 블룸(Bloom) 현상을 방지할 수 있음
틀에 넣기	• 템퍼링한 초콜릿을 틀에 채워 넣어 원하는 모양으로 만드는 작업 • 온도 20~22℃, 습도 60% 이하에서 작업
냉각	냉장고(소규모) 또는 냉각 터널(대량 생산)에서 냉각
포장 및 저장	공기 중 수분이나 습기가 초콜릿으로 유입되지 않도록 통풍이 되지 않는 폴리에틸렌으로 포장하여 18℃에 저장

ⓔ 템퍼링(Tempering) 순서
- 1단계 : 초콜릿을 녹여 카카오 버터가 가지고 있던 결정화를 해체시킨다.
- 2단계 : 결정화가 신속하게 진행되는 온도로 초콜릿을 식힌다.
- 3단계 : 안정적인 결합만이 초콜릿에 남도록 초콜릿의 온도를 다시 올린다.
- 4단계 : 작업 진행 도중 초콜릿이 굳어지지 않도록 적정한 온도로 유지시킨다.

[초콜릿 장식]

① 견과류나 건과실류를 이용하여 만든 장식물을 초콜릿 제품에 사용하여 멋과 외관을 살려 제품의 가치를 상승시키는 것을 말한다.

② 생크림이나 버터크림 케이크에 초콜릿 토핑물로 코팅하거나 코팅된 초콜릿 케이크 표면에 초콜릿 장식물로 장식한다.

③ 적정하게 장식하면 제품의 멋을 살려 제품의 완성도가 높아지고, 맛을 돋우어 구매 의욕이 상승하나, 지나칠 경우에는 제품의 균형을 해칠 수 있다.

[초콜릿 포장의 기능]

① 제품 보호 및 보존 기능

  ㉠ 물리적 요인(파손, 변형, 압축, 열, 습기, 수분 등), 화학적 요인(산소에 의한 산화, 자외선에 의한 열화, 부식 등), 생물적 요인(해충, 서류, 곰팡이, 세균 등)으로부터 제품을 보호한다.

  ㉡ 포장지 자체가 항미생물 효과를 가져 미생물 오염을 억제하고 산소 제거로 식품의 산화나 호기성 미생물의 증식을 방지한다.

② 편리 기능 : 유통상의 편리, 판매상의 편리, 소비상의 편리, 폐기상의 편리 등의 기능을 한다.

③ 정보 기능 : 사용 첨가물, 영양, 식품위생법, HACCP, 소비기한 등의 정보를 제공한다.

④ 판매 촉진 기능 : 포장의 디자인이나 표시로 소비자에게 전달하여 판매 촉진 기능을 한다.

[초콜릿 보관]

① 온도와 습도에 매우 민감하기 때문에 저장 조건을 잘 맞추어야 한다.

② 이상적인 온도는 14~16℃이고, 상대습도는 50~60%이다.

③ 포장하지 않고 냉장고나 냉동고에 보관하면 탈색되고, 설탕이 표면으로 용출되어 블룸(Bloom) 현상이 발생하여 상품 가치가 저하된다.

④ 초콜릿을 다른 식품과 같이 보관하면 향을 흡수하여 맛과 향이 변하므로 별도 보관한다.

⑤ 포장하여 빛으로부터 보호되는 어두운 곳에 보관하는 것이 좋다.

[초콜릿의 결점]

① 팻 블룸(Fat Bloom)

  ㉠ 현상 : 초콜릿 표면에 하얀 곰팡이 모양으로 얇은 흰 막이 생기는 현상

  ㉡ 원인 : 지저분한 틀 사용, 배합률 부적절, 템퍼링 부적절 등으로 코코아 버터의 불안정한 결정이 형성되거나 보관 중 온도 변화가 심하면 코코아 버터의 용해와 응고가 반복되기 때문이다.

  ㉢ 조치 : 템퍼링 과정을 준수하며, 온도가 18~20℃로 일정하게 유지되고 햇빛이 들지 않는 상대습도가 낮은 서늘한 곳에 보관한다.

② 슈거 블룸(Sugar Bloom)

　　㉠ 현상 : 초콜릿 표면에 작은 흰색 설탕 반점이 생기는 현상이다.

　　㉡ 원인 : 초콜릿을 상대습도가 높은 곳이나 15℃ 이하의 낮은 온도에서 보관하다 온도가
　　　　높은 곳에서 보관하면 표면에 작은 물방울이 응축되어 초콜릿의 설탕이 용해하고 다시
　　　　수분이 증발하여 설탕이 표면에 재결정하여 반점으로 나타나기 때문이다.

　　㉢ 조치 : 습도가 낮고 온도가 일정한 건조한 곳에 보관한다.

[팻 블룸과 슈거 블룸]

팻 블룸(Fat Bloom)	슈거 블룸(Sugar Bloom)
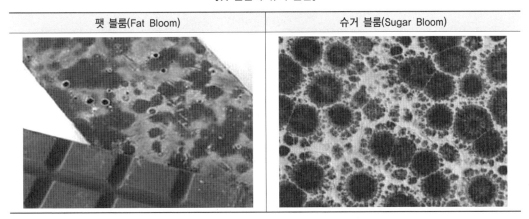	

제 **5** 절 · 장식케이크 만들기

[케이크 시트 만들기]

① 스펀지 케이크(Sponge Cake) : 스펀지 케이크는 기본 바탕이 되며, 원형 틀에 밀가루, 달걀, 설탕과 같은 기본 재료들로 만든 반죽을 넣고 구워 만든다.

② 케이크 시트에 사용되는 필수 재료의 기능

　㉠ 밀가루
　　• 제품의 구조를 형성한다.
　　• 단백질 함량이 7~9%, 회분 함량이 0.4% 이하인 박력분을 사용한다.

　㉡ 달걀
　　• 밀가루와 함께 제품의 구조를 형성한다.
　　• 75%가 물로 이루어져 있어 수분 공급제 역할을 한다.
　　• 커스터드 크림의 결합제, 거품형 케이크의 팽창제 역할을 한다.
　　• 노른자의 레시틴은 유화제 역할을 한다.

　㉢ 당류
　　• 제품의 단맛과 향을 내고 캐러멜화 작용으로 껍질 색을 진하게 한다.
　　• 수분 보유력에 의해 제품의 신선도를 오랫동안 유지시킨다.
　　• 단백질 연화 작용으로 제품을 부드럽게 한다.

　㉣ 소금
　　• 다른 재료의 맛과 향을 나게 한다.
　　• 단백질을 강화시킨다.
　　• 잡균의 번식을 방지한다.

[아이싱 크림 만들기]

① 아이싱에 사용되는 도구

도구	사진	용도
돌림판		주물, 스테인리스 등 다양한 소재의 제품이 있으며, 사용 전 깨끗이 닦고 잘 돌아가는지, 흔들리는지 등을 확인한다.
스패츌러		시트에 생크림이나 버터크림을 아이싱하기 위해 사용되는 도구로, L자형과 일자형이 사용된다.
빵칼		아이싱하기 전 시트를 자를 때 사용하며, 시트의 지름이 21cm 정도면 칼날 길이가 30cm 정도 되는 것을 사용하는 것이 좋다.
삼각톱날		아이싱을 한 후 윗면 또는 옆면에 물결무늬를 낼 때 사용한다.
모양깍지		다양한 무늬를 낼 때 사용하며, 스테인리스로 만든 재질이 좋다.
거품기		크림을 올리거나 섞어 줄 때 주로 사용한다.
고무주걱		크림을 짤주머니에 담을 때나 믹싱 볼 주변을 정리할 때 사용된다.
모형 케이크		케이크 아이싱 연습을 위하여 나무 재질을 이용하여 케이크 모양으로 만들어진 모형 케이크로, 원형과 돔형이 주로 사용된다.

도구	사진	용도
짤주머니		짤주머니에 크림을 넣고 모양을 그리거나 글씨를 쓸 때 사용한다.
T네일(꽃받침)		여러 가지 꽃을 짤 때 사용한다.
꽃가위		꽃받침에 짜 놓은 생크림 꽃을 잘라 내어 옮길 때 사용한다.

[크림 만들기]

① 생크림(Fresh Cream)

   ㉠ 우유의 유지방을 원심 분리하여 얻은 것으로 유지방 18% 이상 함유된 크림이다.

   ㉡ 거품(Foam)을 올리기에는 유지방 30% 이상인 제품을 사용하는 것이 좋다.

② 휘핑크림(Whipping Cream)

   ㉠ 유크림 : 천연 유지방만을 사용하기 때문에 특유의 부드러운 풍미를 가지고 있으며, 유지방 자체가 약해 거칠어지기 쉽다.

   ㉡ 식물성 크림 : 옥수수유, 면실유, 대두유, 야자유 등의 식물성 유지를 주원료로 사용하여 만든 크림이다.

   ㉢ 가공유 크림 : 동물성 유지방과 식물성 지방을 조합한 콤파운드 크림이다.

③ 버터크림(Butter Cream)

   ㉠ 케이크 데커레이션 재료로 가장 많이 사용하는 재료 중 하나이다.

   ㉡ 설탕 사용량에 따라 크림 맛이 많이 달라지며, 유지류의 융점에 따라 설탕 사용량을 가감해야 한다.

④ 기타 크림

   ㉠ 생크림이나 버터크림에 초콜릿이나 기타 재료를 혼합한 크림류로 케이크 데커레이션에 활용할 수 있으며, 커스터드 크림 등도 일부 제품에 사용하여 제품의 모양과 맛을 표현할 수 있다.

· ·

ⓛ 초콜릿 생크림을 제조할 때 코코아 분말을 그대로 넣으면 산이 강한 재료 때문에 생크림의
단백질 성분이 응고하여 크림이 굳어버리므로 시럽에 혼합한 후 믹싱 마지막 단계에 섞어
주거나 90% 휘핑한 생크림에 가나슈를 만들어 섞는다.

[케이크 아이싱]

① 케이크 위에 다양한 크림을 바르는 공정을 아이싱(Icing)이라 한다.

② 원형, 돔형, 시폰형, 사각형 모양 등 제품의 모양에 따라 아이싱하는 방법이 달라질 수 있다.

③ 생크림을 이용한 아이싱

　ⓐ 생크림을 시트 위에 올려 준 후 크림을 골고루 바른 다음 그 위에 여러 가지 과일을 장식하
여 완성하는 형태이다.

　ⓛ 거품 올리기에 알맞은 생크림은 유지방 함량 30% 이상인 제품이다.

④ 버터크림을 이용한 아이싱

　ⓐ 버터크림은 데커레이션 재료로 가장 많이 사용하는 재료 중 하나이며, 아이싱, 모양 짜기,
샌드용 등으로 사용한다.

　ⓛ 설탕량에 따라 크림 맛이 많이 달라지며, 유지류의 융점에 따라 설탕량을 가감해야 한다.

[디자인의 구성 원리]

① 조화

　ⓐ 둘 이상의 요소들이 결합하여 통일된 전체로서 각 요소보다 더 높은 의미의 미적 효과를
나타냄을 말한다.

　ⓛ 요소들끼리 서로 분리되거나 배척하지 않고 질서를 유지함으로써 달성할 수 있다.

② 균형

　ⓐ 요소들의 구성에 있어 가장 안정적인 원리이다.

　ⓛ 형태와 색채 등의 각 구성 요소의 배치 방법에 따라 대칭과 비대칭 균형으로 나눈다.

③ 비례 : 신비로운 기하학적 미의 법칙으로 황금 분할(1 : 1.618)이 있으며, 하나의 선을 둘로
나눌 때 작은 선과 큰 선의 길이의 비와 같아지는 분할을 말한다.

④ 율동 : 같거나 비슷한 요소들이 일정한 규칙으로 반복되거나, 일정한 변화를 주어 시각적으로
동적인 느낌을 갖게 하는 요소이다.

⑤ 강조 : 특정 부분에 변화를 주어 시각적 집중성을 갖게 하거나 강한 인상을 주기 위한 방식이다.

⑥ 통일 : 디자인이 가지고 있는 여러 요소 속에 어떤 조화나 일치가 존재하고 있음을 의미한다.

[케이크 완성 시 주의점]

① 생크림에 사용되는 생과일은 너무 얇게 썰어 장식하면 쉽게 건조되어 모양이 변형되므로 주의한다.

② 장식은 마무리 단계이므로 제품을 조심히 다루어 제품에 흠집이 생기지 않도록 한다.

③ 케이크는 축하의 의미로 사용되므로 가급적 밝게 만든다.

④ 생크림을 너무 오래 작업하는 것은 건조해지거나 푸석해지게 하므로 바람직하지 않다.

⑤ 생크림을 거품 낼 때는 냉장고에서 바로 나와 차가운 상태가 좋다.

| 제 **6** 절 | 무스케이크 만들기 |

[무스케이크 재료 준비]

① 냉과류 : 차가운 상태에서 먹는 디저트로 젤리, 바바루아, 무스, 푸딩이 포함된다.

② 냉과류의 종류

    ㉠ 젤리 : 주재료인 과일, 와인 등에 설탕과 향신료 등을 첨가하고 젤라틴이나 한천, 펙틴 등 친수성 콜로이드를 이용하여 굳힌 디저트이다.

    ㉡ 바바루아

- 과일 퓌레와 크림 앙글레즈에 생크림을 섞고 젤라틴으로 차갑게 굳혀 제조한다.
- 여기에 과일이나 리큐어, 초콜릿 등을 첨가하여 풍미를 더하기도 한다.
- 무스에 비하여 부드럽고 순한 맛을 내는 특징이 있다.

    ㉢ 무스

- 과일 또는 초콜릿, 크림 앙글레즈를 기본으로 하여 젤라틴, 머랭, 휘핑크림, 달걀 등을 재료로 사용하며, 차갑게 굳혀서 만든다.
- 작게 만든 무스는 무슬린이라고 하며, 무스 표면은 젤리로 씌워서 광택이 나 '미러'라고 도 한다.

    ㉣ 푸딩 : 중탕으로 익혀서 굳히는 따뜻한 푸딩과 젤라틴 등으로 굳혀서 차갑게 제공하는 찬 푸딩이 있다.

[무스케이크]

① 냉과류의 대표적인 과자로 프랑스어로 무스는 '거품'을 뜻한다.

② 퓌레처럼 부드럽게 만든 재료에 생크림 또는 흰자 거품을 내어 만든다.

③ 겉면이 마르기 쉬우므로 젤리를 씌우거나 코팅을 한다.

④ 무스케이크의 재료

    ㉠ 젤라틴

- 동물성 단백질인 콜라겐을 가열하여 얻은 것이다.
- 콜라겐은 동물의 연골, 가죽, 힘줄 등을 구성하는 천연 단백질이다.
- 친수성 콜로이드로 분류되며, 무스에서 내용물을 굳히는 역할을 한다.
- 사용 전 먼저 찬물에 불렸다가 50~60℃ 이상의 물에서 가열한 뒤 10~15℃에서 굳힌다.

- 판 젤라틴과 가루 젤라틴의 형태가 있으며, 판 젤라틴은 물에 30분 이상 불려서, 가루 젤라틴은 5분 이상 불려 사용한다.
ⓒ 치즈

크림치즈	• 유지방으로 만든 크림을 원료로 생산하며, 숙성을 하지 않아 부드럽고 약간 신맛이 나며 뒷맛이 고소함 • 수분 함량이 높고, 지방이 45% 이상 있으며, 치즈케이크를 비롯한 디저트, 쿠키 등에 사용함
마스카포네 치즈	• 이탈리아 지역에서 생산되는 치즈로, 지방 함량이 높은 편이며 맛이 부드럽고 섬세함 • 버터 밀크에 우유를 섞어 만들며, 크림향이 남

ⓒ 생크림
- 유지방을 원료로 한 천연 생크림은 풍미가 좋으며, 소비기한이 짧아 냉장 보관하여 사용한다.
- 천연 생크림과 유사하게 만든 휘핑크림은 백색을 띠며, 가당이 되어 있는 경우가 많고 소비기한이 길다.
- 제과용 생크림은 유지방 45% 이상인 것이 주로 사용되며, 4~7℃ 정도의 차가운 온도에서 작업해야 안정성이 높아져 고운 기포를 형성할 수 있다.
ⓐ 과일
- 냉동 과일 퓌레는 주로 무스크림용으로 사용되며, 생과일은 무스케이크 마무리 장식용으로 사용한다.
- 베리류나 열대 과일류, 견과류 등이 다양하게 쓰인다.
ⓜ 리큐어 : 증류주에 색깔, 맛, 향 등을 추가한 것으로 깔루아, 트리플 섹, 쿠앵트로, 그랑마니에 등이 많이 이용된다.

[티라미수]

① 무스케이크의 종류 중 하나인 티라미수(Tiramisu)는 'mi(나를)', 'su(위로)', 'tirare(끌어 올리다)'의 합성어로 이탈리아어로 '기분이 좋아진다.'라는 뜻을 가진다.
② 스펀지 케이크 시트에 에스프레소 시럽을 적시고 마스카포네 치즈와 초콜릿 시럽 등을 차례로 쌓고, 윗면에 코코아 파우더를 뿌려 차갑게 굳히는 것이 일반적이다.

제 7 절 과자류 제품 포장

[과자류 제품 냉각]

① 냉각 : 오븐에서 바로 꺼낸 과자류 제품을 상온에 방치하면 온도가 점점 내려가 35~40℃ 정도의 온도가 된 것을 말한다.

② 냉각의 목적

　㉠ 곰팡이 및 기타 균의 피해 방지 : 구운 제품을 그대로 포장하거나 상자에 넣으면 냉각되면서 수분이 방출되어 포장지 표면에 응축되었다가 제품 속으로 흡수되어 곰팡이나 기타 균 발생 위험이 커진다.

　㉡ 절단, 포장에 용이 : 구운 직후 제품은 내부에 많은 수분을 보유하고 있어 매우 부드러워 잘 잘리지 않는 경향이 있기 때문에 냉각 후 모양 보전이 잘 된 상태로 절단, 포장을 하는 것이 좋다.

③ 냉각 방법

　㉠ 자연 냉각

　　• 제품을 냉각 팬에 올려 실온에 두고 3~4시간 냉각시키는 방법이다.

　　• 냉각 시 지나치게 높은 온도와 습도는 피해야 한다.

　㉡ 냉각기를 이용한 냉각

냉장고	• 식품을 냉각 또는 저온에서 보관하도록 하는 기계로 0~5℃의 온도를 유지한다. • 오븐에서 바로 꺼낸 제품의 냉각 시에는 수분이 발생할 수 있으므로 주의해야 한다.
냉동고	• 식품을 냉각 또는 얼리는 기능이 있고, 완만 냉동고와 급속 냉동고가 있다. • 완만 냉동고는 −20℃ 이상으로 냉동하고, 급속 냉동은 −40℃ 이하에서 냉동한다. • 무스와 같은 냉과류를 빨리 냉각하여 장식하기 위한 목적으로 사용할 때도 있다.
냉각 컨베이어	냉각실에 22~25℃의 냉각 공기를 불어 넣어 냉각시키는 방법으로 대규모 공장에서 많이 쓰인다.

[과자류 제품 마무리]

① 고객의 주의를 끌게 하는 첫 번째 요인은 시각적 효과로, 제품을 매력적으로 보이게 하는 마무리가 중요하다.

② 충전물 충전, 케이크 말기, 케이크 재단 등을 포함한다.

③ 충전물

　　㉠ 충전물 충전은 빈 곳을 채우는 물질로, 성형할 때 일부 또는 전부 넣어서 굽는 것과 구워낸
　　　후 마무리로 충전하는 형태가 있다.

　　㉡ 마무리 충전물에는 크림류를 많이 사용한다.

　　㉢ 기본이 되는 크림은 크렘 파티시에, 크렘 샹티이, 크렘 오 뵈르, 크렘 가나슈, 크렘 앙글레
　　　즈가 있다.

④ 케이크 말기

　　㉠ 구워낸 시트를 시트보다 조금 큰 종이 또는 면보자기 위에 놓고 시트 전체에 시럽을 발라
　　　흡수시킨 뒤 그 위에 크림을 바른다.

　　㉡ 제품을 너무 단단하게 말면 제품의 부피가 작아지고, 느슨하게 말면 가운데 구멍이 생긴다.

　　㉢ 시트가 너무 뜨거울 때 말면 제품의 부피가 작아지고 표피가 벗겨지기 쉽다.

⑤ 케이크 재단 : 원형 케이크 또는 사각 케이크를 용도에 맞게 높이와 넓이를 맞추어 자르는
　　방법이다.

 더THE 알아보기

시럽
・설탕을 녹여 조린 액체이며 당액이라고도 한다.
・용도에 따라 설탕의 비율과 끓이는 온도를 달리할 수 있다.
・케이크 시트에 바르는 시럽을 심플 시럽이라고 한다.
・붓을 이용해 시트에 시럽을 바르면 촉촉하고 달콤하게 한다.

[과자류 제품 장식]

① 장식이란 먹을 수 있는 재료나 먹을 수 없는 재료(식품위생법 준수)를 사용하여 제품의 가치를
　상승시키는 것을 말한다.

② 적정하게 했을 때 제품의 멋과 맛을 돋우고 제품의 완성도를 높이지만, 지나칠 경우 균형을
　해칠 수 있다.

③ 아이싱(Icing)

　　㉠ 폰당(Fondant)

　　　・설탕 시럽을 115℃까지 끓여서 40℃로 식히면서 교반하면 결정이 일어나면서 희고 뿌연
　　　　상태로 되면서 폰당이 만들어진다.

　　　・에클레어(Eclair) 위 또는 케이크 위에 아이싱으로 많이 쓰인다.

ⓛ 광택제(Glaze)
- 잼(Jam) 또는 잼에 젤라틴을 섞은 것으로, 케이크 표면에 바르면 광택이 나고 식감이 좋아진다.
- 프랑스에서는 나파주(Nappage)라 하고, 일본에서는 미로와라고 한다.
ⓒ 생크림 : 유지방 함량이 18% 이상인 크림으로, 휘핑에 사용되는 크림은 30% 이상의 유지방이 함유되어 있어 거품이 잘 생긴다.
ⓔ 버터크림 : 버터를 주재료로 설탕과 달걀을 이용하여 만들며, 생크림에 비해 안정성이 높아 보관이 비교적 용이하다.
ⓜ 가나슈(Chocolate Ganache) : 초콜릿에 생크림을 섞어 사용한다.
④ 장식
ⓐ 짜기(Piping)
- 표면을 아이싱한 상태에서 그 윗면에 여러 가지 모양으로 짜서 장식한다.
- 달걀흰자와 분당을 섞어 만든 로열 아이싱(Royal Icing)과 버터크림, 생크림, 가나슈 크림을 포함한 크림류(Cream)가 많이 사용된다.
ⓑ 장식물의 종류

마지팬(Marzipan)	분당, 물엿, 흰자, 젤라틴 등 재료를 섞어 만든 반죽을 케이크 아이싱이나 장식물 제조에 많이 사용한다.
마카롱(Macaroon)	머랭에 아몬드 분말을 혼합하여 구운 제품으로 그 자체로도 제품이 되지만, 다양한 색소를 사용하여 장식물로 사용하기도 한다.
머랭(Meringue)	흰자에 설탕을 1 : 1 이상으로 섞은 것으로, 꽃이나 동물 모양 등을 짜서 말려 사용한다.
모델링 반죽 (Modelling Paste)	설탕 반죽(Sugar Paste)에 꽃 반죽(Flower Paste)을 1 : 1로 섞어 쓰거나 설탕 반죽에 분당, 물엿, 고무 분말(CMC) 등을 섞어 만들어 사용한다.
초콜릿(Chocolate)	템퍼링을 하여 원하는 모양으로 짜거나 스패출러를 이용하여 여러 가지 모양의 장식물을 만들 수 있다.
쿠키(Cookies)	쿠키를 이용한 장식은 슈(Choux), 튀일(Tulie), 시가렛(Cigarette) 반죽을 이용하여 여러 가지 모양으로 만들어 구워낸 후 사용한다.
과일(Fruit)	• 가장 많이 쓰이는 장식 중 하나로 생과일 자체를 모양 내서 사용하기도 하고, 과일을 말리거나 설탕을 묻혀 말려서 사용하기도 한다. • 수분 증발을 막기 위해 코팅제(잼 또는 미로와)를 반드시 발라 준다.

[과자류 제품 포장]

① 유통 과정에서 취급상 위험과 외부 환경으로부터 제품의 가치 및 상태를 보호하고 다루기 쉽도록 적합한 재료 또는 용기에 넣는 과정이다.

② 포장의 기능

내용물 보호	쿠키, 케이크 등 과자류 제품은 손상되기 쉬우므로 포장을 통해 물리적, 화학적, 생물적, 인위적 요인으로부터 내용물을 보호하고 제품 손상을 방지해야 한다.
취급의 편의	제품 생산에서부터 사용 후 폐기에 이르기까지 각 단계에서 취급하고 먹기 편하도록 사용의 편의성을 제공한다.
판매의 촉진	제품을 차별화하고 소비자들의 구매 충동을 촉진시킴으로써 매출 증대 효과를 준다.
상품의 가치 증대와 정보 제공	• 포장을 통해 상품성을 높이고, 속이 보이는 포장을 통해 소비자가 제품을 식별하도록 한다. • 속이 보이지 않는 경우 내용물에 관한 상품 정보 및 전달 표시를 통해 정보력을 높인다.
사회적 기능과 환경친화적 기능	• 적정 포장을 해서 지나친 낭비를 막고 위생 안전 및 환경과 조화롭게 친화적인 포장을 추구한다. • 제품의 소비기한을 별도로 표시해 신뢰성을 높인다.

③ 포장의 분류

㉠ 1차 포장(내포장) : 제품과 직접 접촉하는 포장으로 수분, 습기, 광열 및 충격 등을 방지 또는 차단한다.

㉡ 2차 포장(외포장) : 1차 포장된 것들을 한 개의 단위로 포장하는 것을 포함하여 장식을 목적으로 포장하는 것이다.

④ 포장재의 종류

플라스틱	• 수분 증발을 막아 과자 종류 포장에 많이 쓰이며, 투명과 불투명이 있다. • 플라스틱 통, 플라스틱 시트, 플라스틱 비닐 백은 폴리스티렌(PS : Polystyrene, 폴리스타이렌), 폴리에틸렌(PE : Polyethylene), 프로필렌(PP : Propylene) 등을 사용할 수 있다.
종이 및 지기	• 식품 포장에 사용하는 종이 종류 대부분이 가공지(Converted Paper)이다. • 지기(Paper Container)는 종이, 판지로 만든 용기이며, 물리적 강도, 통기성, 내용물 보호, 완충 작용, 위생성, 개봉성이 우수한 반면, 내수성, 기체 차단성, 열 봉합성이 부족하고 내유성과 내약품성이 없다.

⑤ 포장 방법

함기 포장(상온 포장)	• 공기가 함유된 상태에서 포장하는 방법이다. • 일반적으로 기계를 사용하지 않는 포장의 대부분을 말하며, 과자류 포장에 많이 쓰인다.
진공 포장	• 포장 용기에 식품을 넣고 내부를 진공으로 탈기하여 포장하는 방법이다. • 내부 공기가 제거되고 공기의 접촉이 불가능하여 부패가 진행되지 않아 장기간 보존이 가능하다.
밀봉 포장	공기가 통하지 않도록 단단히 포장하는 방법이다.

⑥ 포장 재료의 조건

㉠ 포장용기는 포장 자체에 유해물질이 있거나 포장재로 인하여 내용물이 오염되어서는 안 된다.

㉡ 식품에 접촉하는 포장은 청결해야 하며, 식품에 어떤 영향을 주어서도 안 된다.

㉢ 식품 포장 기준(식품위생법)에 맞아야 한다.

제 **8** 절 　과자류 제품 저장유통

[식품위생법]

식품위생법은 식품으로 인하여 생기는 위생상의 위해를 방지하고 식품영양의 질적 향상을 도모하며 식품에 관한 올바른 정보를 제공함으로써 국민 건강의 보호·증진에 이바지함을 목적으로 한다. 식품위생법 제2조에서는 식품위생이란 '식품, 식품첨가물, 기구 또는 용기·포장을 대상으로 하는 음식에 관한 위생'이라고 정의하였다.

[위해요소]

① 생물학적 위해요소
　　㉠ 세균, 바이러스, 기생충, 곰팡이 등이 속하며 질병을 유발하기도 하고, 식품을 오염시켜 중독을 일으키기도 한다.
　　㉡ 미생물 발육에 필요한 환경 요인에는 영양소, 수분, 온도, 산소, 수소이온농도(pH) 등이 있다. → 16쪽 참고

② 화학적 위해요소
　　㉠ 인위적인 것 : 제조, 가공, 저장, 포장, 유통 등의 과정에서 생성된 유독, 유해물이거나 허가된 식품 이외에는 첨가 금지된 인공감미료, 타르 색소, 발색제, 표백제 등을 들 수 있다.

식품첨가물	보존료, 살균제, 산화방지제, 착색료, 유화제, 팽창제, 감미제 등
제품 용기, 기구 및 포장	주석 통조림, 알루미늄, 플라스틱 포장재
환경호르몬	다이옥신, 프탈레이트류
제조, 가공, 저장 중에 생성될 수 있는 화합물	아크릴아마이드(전분질 제품을 높은 온도로 가열할 때 생성), 에틸 카바메이트(발효 과정 중 생성), MCPD(콩의 독성분, 산분해 간장 제조 중 생성)

　　㉡ 자연독 : 식품 자체에 들어 있는 독

식물성 독소	솔라닌(감자의 발아 부위), 아미그달린(청매), 시큐톡신(독미나리), 테물린(독보리), 고시폴(목화씨) 등
동물성 독소	테트로도톡신(복어), 베네루핀(모시조개), 삭시톡신(섭조개) 등
독버섯	아마니타톡신, 무스카린, 팔린 등
기타	알레르기 유발 물질 등

③ 물리적 위해요소 : 외부로부터 들어온 이물질로 유리 조각, 플라스틱 조각, 머리카락, 돌 등을 말하며 발생 요인은 오염된 원료나 포장 재료, 관리 부주의, 종사자의 부주의 등과 관련이 있다.

[식품의 변질과 보존]

부패	단백질 식품이 미생물에 의해서 분해되어 암모니아나 아민 등이 생성되어 악취가 심하게 나고 인체에 유해한 물질이 생성되는 현상
변패	단백질 이외의 지방질이나 탄수화물 등의 성분이 미생물에 의하여 변질되는 현상
산패	유지가 산화되어 역한 냄새가 나고 점성이 증가할 뿐 아니라 색깔이 변색되어 품질이 저하되는 현상
발효	탄수화물이 미생물의 분해 작용을 거치면서 유기산, 알코올 등이 생성되어 인체에 이로운 식품이나 물질을 얻는 현상

[식품의 보존 방법]

① 물리적 방법

　㉠ 건조법(탈수법)

방법	사용 방법
일광 건조법	식품을 햇볕에 쬐어 말리는 방법
고온 건조법	90℃ 이상의 고온으로 건조, 보존하는 방법
열풍 건조법	가열한 공기를 식품 표면에 보내어 수분을 증발시키는 방법
배건법	직접 불에 가열하여 건조시키는 방법
동결 건조법	식품을 동결시킨 후 진공 상태에서 식품 중의 얼음 결정을 승화시켜 건조하는 방법
분무 건조법	액체 상태의 식품을 건조실 안에서 안개처럼 분무하면서 건조시키는 방법
감압 건조법	감압, 저온으로 건조시키는 방법

　㉡ 냉장ㆍ냉동법

방법	사용 방법
움 저장법	10℃ 전후의 움 속에서 저장하는 방법
냉장법	0~4℃의 저온에서 식품을 한정된 기간 동안 신선한 상태로 보존하는 방법
냉동법	0℃ 이하에서 동결시켜 식품을 보존하는 방법

　㉢ 가열 살균법 : 미생물을 열처리하여 사멸시킨 후 밀봉하여 보존하는 방법으로, 영양소 파괴가 우려되나 보존성이 좋다는 장점이 있다.

방법	사용 방법
저온 살균법	61~65℃에서 30분간 가열 후 급랭시키는 방법
고온 살균법	95~120℃에서 30~60분간 가열하여 살균하는 방법
초고온 순간 살균법	130~140℃에서 2초간 가열 후 급랭시키는 방법

② 조사 살균법 : 자외선이나 방사선을 이용하는 방법으로 식품 품질에 영향을 미치지 않으나, 식품 내부까지 살균할 수 없다는 단점이 있다.

방법	사용 방법
자외선 살균법	2,570nm 부근의 자외선으로 살균하는 방법
방사선 살균법	^{60}Co(코발트) 방사선으로 살균하는 방법

② 화학적 방법

　㉠ 염장법 : 보통 미생물을 10% 정도의 식염 농도에 절이는 방법이다.

　㉡ 당장법 : 50% 정도의 설탕 농도에 절이는 방법으로 방부 효과가 있다.

　㉢ 산 저장법(초절임법) : 3~4%의 초산, 구연산, 젖산에 절이는 방법이다.

　㉣ 화학물질 첨가 : 인체에 해가 없는 화학물질을 이용하여 미생물을 살균하고 발육을 저지하여 효소의 작용을 억제시키는 방법이다.

③ 종합적 처리에 의한 보존법

　㉠ 훈연법 : 육류나 어류를 염장하여 탈수시킨 후 활엽수(벗나무, 참나무 등)를 불완전 연소시켜 그 연기로 그을려 저장하는 방법이다.

　㉡ 밀봉법 : 용기에 식품을 넣고 수분 증발, 흡수, 해충의 침범, 공기(산소)의 통과를 막아 보존하는 방법이다.

　㉢ 염건법 : 소금을 첨가한 다음 건조시켜 보존하는 방법이다.

　㉣ 조미법 : 소금이나 설탕을 첨가하여 가열처리한 조미 가공품을 만드는 방법이다.

[저장관리]

① 저장관리의 의의 및 목적

　㉠ 입고된 재료 및 제품을 품목별, 규격별, 품질 특성별로 분류한 후 적합한 방법으로 저장고에 위생적인 상태로 보관하는 것을 말한다.

　㉡ 폐기에 의한 재료 손실을 최소화함으로써 원재료의 적정 재고를 유지하는 데 있다.

　㉢ 재료를 위생적이고 안전하게 보관함으로써 손실을 방지한다.

　㉣ 출고된 재료의 양을 조절, 관리하여 재료 낭비로 인한 원가 상승을 막는 데 있다.

　㉤ 출고된 재료의 매일 총계를 내어 정확한 출고량을 파악, 관리한다.

② 저장관리의 원칙

　㉠ 저장 위치 표시의 원칙 : 재료의 저장 위치를 손쉽게 알 수 있도록 물품별 카드에 의거하여 재료와 제품의 위치를 쉽게 파악할 수 있게 한다.

　㉡ 분류 저장의 원칙 : 재료의 식별이 어렵지 않게 명칭, 용도 및 기능별로 분류하여 효율적인 저장관리가 이루어질 수 있도록 동종 물품끼리 저장한다.

ⓒ 품질 보존의 원칙 : 재료의 성질과 적절한 온도, 습도 등의 특성을 고려하여 저장함으로써 재료와 제품의 변질을 최소화시키고 사용 가능한 상태로 보존할 수 있다.

ⓔ 선입선출의 원칙 : 재료의 효율적으로 순환되기 위하여 유효 일자나 입고일을 기록하고, 먼저 구입하거나 생산한 것부터 순차적으로 판매 혹은 제조하여 재료의 선도를 최대한 유지한다.

ⓜ 공간 활용 극대화의 원칙 : 충분한 저장공간의 확보가 중요하며, 재료 자체가 점유하는 공간 이외에 이동의 효율성과 운송 공간도 고려되어야 한다.

ⓑ 안전성 확보의 원칙 : 저장 물품의 부적절한 유출을 방지하기 위해 저장고의 방범 관리와 출입 시간 및 절차를 명확히 준수해야 한다.

[과자류 제품 유통]

① 유통기한

ㄱ 섭취가 가능한 날짜가 아닌 식품의 제조일로부터 소비자에게 판매가 가능한 기한을 말한다.

ㄴ 이 기한 내에서 적정하게 보관, 관리한 식품은 일정 수준의 품질과 안전성이 보장됨을 의미한다.

ㄷ 유통기한(소비기한)에 영향을 주는 요인

내부적 요인	외부적 요인
• 원재료 • 제품의 배합 및 조성 • 수분 함량 및 수분활성도 • pH 및 산도 • 산소의 이용성 및 산화 환원 전위	• 제조 공정 • 위생 수준 • 포장 재질 및 포장 방법 • 저장, 유통, 진열 조건(온도, 습도, 빛 등) • 소비자 취급

더THE 알아보기

식품의약품안전처 발표에 따르면 식품의 '소비기한 표시제' 시행과 관련하여 2023년 1월 1일부터 시행될 예정이나, 제도의 안정적 정착과 업체 부담 경감 등을 위해 시행일 이후 1년간 계도 시간을 두어 2023년 1월 1일부터 12월 31일까지는 소비기한과 유통기한 중 하나를 골라 표기하면 된다. 2024년 1월 1일부터는 소비기한이 아닌 유통기한을 표시할 경우 시정 명령이 내려진다.

② 제품 유통 중 온도 관리 기준

ㄱ 실온 유통 : 실온은 1~35℃를 말하며, 봄, 여름, 가을, 겨울을 고려하여 설정한다.

ㄴ 상온 유통 : 상온은 15~25℃를 말한다.

ㄷ 냉장 유통 : 냉장은 0~10℃를 말하며, 보통 5℃ 이하로 유지한다.

② 냉동 유통
- 냉동은 −18℃ 이하를 말하며, 품질 변화가 최소화될 수 있도록 냉동 온도를 설정한다.
- 냉동 제품은 표면에서 식품의 중심부까지 −20℃ 정도의 냉기를 유지할 수 있도록 운반 및 보존 시에는 −20~−23℃ 정도를 유지한다.
- 냉동 식품 유통 시 외부의 영향으로 온도가 상승하여 품질을 저하시킬 수 있으므로 취급을 최우선으로 신속하게 운반한다.

③ 포장
㉠ 포장의 목적
- 식품이 소비자에게 이르기까지 충격, 압력, 온도, 습도 등의 외적 환경과 미생물 등과 같은 피해로부터 식품을 보호하기 위함이다.
- 보관, 운송, 판매 등 일련의 작업을 능률적으로 행하기 위함이다.
- 소비자가 사용하기 쉽도록 하며, 상품의 가치를 높이기 위함이다.
㉡ 포장의 기준
- 식품에 접촉하는 포장은 청결하며 식품에 영향을 주어서는 안 된다.
- 포장 재질
  - 종이와 판지 제품 : 종이 봉투, 종이 용기
  - 유연 포장 재료 : 셀로판, 플라스틱, 알루미늄
  - 금속제 : 통조림용 금속 용기
  - 유리제 : 병, 컵
  - 목재 : 나무 상자, 나무통
㉢ 포장재에서 용출되는 유해물질

포장 재료	유해물질
종이와 판지 제품	착색제(형광 염료 포함), 충전제, 표백제 등
금속 제품	납(땜납에서 유래), 도료 성분, 주석 등
도자기, 법랑 기구, 유리 제품	납(Crystal Glass 등), 이외 금속, 유약 등
합성수지	첨가제(안정제, 가소제, 산화방지제 등), 잔류 촉매(금속, 과산화물 등)

PART

02

최종모의고사

제1회   최종모의고사

제2회   최종모의고사

제3회   최종모의고사

제과
산업기사

필 기

초단기완성

합격의 공식
SD에듀

제과산업기사
최종모의고사

제 1 과목 · 위생안전관리

01 작업장 바닥이 갖추어야 할 기능이 아닌 것은?

① 방수성   ② 부식성

③ 내열성   ④ 내약품성

해설

작업장의 바닥은 방수성, 방습성, 내약품성, 내열성, 견고성 등을 가지고 있어야 한다.

02 작업자 위생복 착용에 대한 설명 중 옳지 않은 것은?

① 일회용 위생장갑은 작업을 옮겨갈 때마다 씻어서 사용한다.

② 식품에 유해물질이 오염되지 않도록 청결한 위생복을 착용한다.

③ 대화 시 식품이 오염되는 것을 방지하도록 마스크를 착용한다.

④ 단정하고 편안한 위생화를 착용하여 안전사고를 예방한다.

해설

일회용 위생장갑은 사용 후 바로 폐기한다.

03 데크 오븐에 대한 설명으로 옳은 것은?

① 복사와 전도를 이용한 열 전달 방식을 사용한다.
② 팬으로 열풍을 강제 순환하는 방식의 오븐이다.
③ 가정에서 흔히 사용하는 보편적인 오븐의 형태이다.
④ 반죽이 들어가는 입구와 출구가 달라 열 손실이 크다.

해설
② 컨벡션 오븐, ④ 터널 오븐의 설명이다.

04 베이커스 백분율(Baker's Percentage)을 기준으로 배합표를 작성할 때, 달걀의 무게(g)는?

재료	비율(%)	무게(g)
박력분	100	500
달걀	180	( )

① 750
② 800
③ 900
④ 950

해설

$$\text{Baker's \%} = \frac{\text{각 재료의 중량(g)}}{\text{밀가루의 중량(g)}} \times \text{밀가루의 비율(\%)}$$

$$180 = \frac{x}{500} \times 100$$
$$100x = 90,000$$
$$x = 900$$

05 닭고기가 주요 감염원이며, 잠복기가 짧고 급성 위장염 증상을 일으키는 세균성 식중독균은?

① 포도상구균
② 비브리오균
③ 보툴리누스균
④ 살모넬라균

해설
살모넬라균에 의한 식중독은 잠복기가 6~72시간이며, 급성 위장염, 복통, 구토, 설사 등을 일으킨다. 원인 식품으로는 닭고기, 달걀, 식육 가공품 등이 있으며, 달걀 취급과 식육의 생식을 주의해야 한다.

06 식중독 발생 시 사후 대책이 아닌 것은?

① 시설, 기구 등의 위생상태를 확인한다.
② 식중독에 걸린 종사자의 조리 업무를 중단시킨다.
③ 주기적으로 종사자의 건강진단을 실시한다.
④ 조리 및 위생수칙을 준수하고 있는지 확인한다.

해설
②는 식중독 발생 시 현장 조치 대책이다.

07 미생물 생육 조건 중 수분에 대한 설명으로 적절하지 않은 것은?

① 자유수는 100℃에서 끓고, 0℃에서 어는 특징이 있다.
② 자유수는 수용성 물질의 용매로 작용이 어렵다.
③ 결합수는 여러 이온기가 결합되어 있어 100℃에서도 잘 제거되지 않는다.
④ 결합수는 미생물의 증식, 생육과 효소 반응 등에 사용되지 못한다.

해설
자유수는 미생물의 증식, 가수분해 반응에 자유롭게 사용되며, 수용성 전해질을 녹이는 용해 역할을 한다.

08 식품위생감시원의 자격, 임명, 직무 범위 등에 관한 사항을 정하는 자는?

① 시장
② 식품의약품안전처장
③ 대통령
④ 도지사

해설
식품위생감시원의 자격, 임명, 직무 범위, 그 밖에 필요한 사항은 대통령령으로 정한다(식품위생법 제32조제2항).

09 기구 · 용기의 세척과 소독 방법으로 옳지 않은 것은?

① 소독은 기구 및 용기의 표면을 세제를 사용해 때와 음식물을 제거하는 과정이다.

② 소독액은 사용 방법을 숙지하여 사용하고, 임의대로 섞어 사용하지 않는다.

③ 세척제 사용 시 용도와 효율성을 고려하여 사용해야 한다.

④ 알코올을 사용하여 손이나 용기 등의 표면을 소독할 때는 70% 에틸알코올을 분무하여 사용한다.

해설

소독이란 기구, 용기 및 음식 등에 존재하는 미생물을 안전한 수준으로 감소시키는 과정이다. ①은 세척에 대한 설명이다.

10 식품첨가물의 사용 목적에 대한 설명 중 옳지 않은 것은?

① 식품의 기호성을 향상시키기 위함이다.

② 식품의 변질, 변패를 방지하기 위함이다.

③ 식품의 제조 원가를 높여 판매 이익을 얻기 위함이다.

④ 식품의 품질을 개량하여 저장성을 향상시키기 위함이다.

해설

식품첨가물의 사용 조건은 경제적이어야 한다.

11 HACCP 적용의 7가지 원칙에 해당하지 않는 것은?

① 검증 방법 설정

② 위해요소 분석

③ 중요관리점 결정

④ HACCP팀 구성

해설

④ HACCP팀 구성은 준비 단계 중 하나이다.

12 품질 관리 중 원료 관리 '선별' 단계에 대한 설명으로 옳은 것은?

① 원료의 용도에 따라 카테고리로 나누는 과정이다.

② 품질 개선을 위해 원료를 분석·측정하는 과정이다.

③ 원료를 선입선출의 원칙에 따라 운용하는 과정이다.

④ 입고하기 전 유형에 맞는 기준을 바탕으로 나누어 불량한 원고가 입고되는 것을 차단하기 위한 과정이다.

해설

원료 입고 및 선별 : 구매한 원료를 보관 창고에 입고하기 전에 유형에 맞는 기준을 바탕으로 선별하여 불량한 원고가 입고되는 것을 사전에 차단한다.

13 제품을 만드는 설명서와 같은 것으로, 생산 방법이 자세하게 기술되어 작업자가 활용할 수 있도록 정보를 제공하는 것은?

① 제조 공정도 　　　　　　② 제조 기획서

③ 제조 공정서 　　　　　　④ 제조 주문서

해설

• 제조 공정서는 생산 방법이 자세하게 기술되어 있는 제품 설명서와 같은 것이다.
• 제조 공정도는 제품의 생산 흐름을 보여주는 것이다.

14 원료에 의한 문제 발생 유형으로 옳은 것은?

① 보관 상태가 불량하여 변질된 원료를 사용하였을 때

② 실제 배합비와 다르게 원료를 투입하였을 때

③ 제조 공정을 이행하지 않고 원료를 사용하였을 때

④ 설비관리가 안 된 장비에 원료를 투입했을 때

해설

② 배합, ③ 공정, ④ 설비가 원인이다.

15 식품첨가물 안전관리기준을 제·개정하고 고시하는 사람은?

① 환경부장관

② 시장·군수·구청장

③ 보건복지부장관

④ 식품의약품안전처장

해설

식품 또는 식품첨가물에 관한 기준 및 규격(식품위생법 제7조제1항)

식품의약품안전처장은 국민 건강을 보호·증진하기 위하여 필요하면 판매를 목적으로 하는 식품 또는 식품첨가물에 관한 다음의 사항을 정하여 고시한다.

• 제조·가공·사용·조리·보존 방법에 관한 기준

• 성분에 관한 규격

16 증기 소독에 적합한 대상은?

① 식기, 행주

② 식품첨가물

③ 생과일, 채소

④ 손, 용기 등 표면

해설

증기 소독은 100~120℃의 증기 속에서 소독하는 방법으로 식기, 행주 등에 사용한다.

17 식품첨가물에 대한 설명으로 가장 옳지 않은 것은?

① 식품첨가물은 독성이 없어야 한다.

② 자극성이 있는 식품첨가물은 허용 기준치 이하로 안전하게 사용한다.

③ 제빵의 품질이나 색을 증진시키기 위해 밀가루나 반죽에 넣는 첨가물을 밀가루 개량제라고 한다.

④ 식품위생법상 식품첨가물은 식품을 제조·가공·조리 또는 보존하는 과정에서 감미, 착색, 표백 또는 산화방지 등을 목적으로 식품에 사용되는 물질을 말한다.

해설

식품첨가물은 독성이 없어야 하며 자극성이 없어야 한다.

18 제과·제빵 작업 공간의 창문과 조명에 대한 설명으로 옳은 것은?

① 창문은 외부로부터 먼지 등이 들어오지 않도록 항상 닫아 둔다.
② 작업 중 생긴 오염된 공기가 배출될 수 있도록 창문에 작은 구멍을 낸다.
③ 작업 공간은 충분한 밝기를 유지해야 하며, 592~700lx의 조도를 권장한다.
④ 제품 검사실의 표준 조도는 215~323lx를 권장한다.

해설

작업 공간의 창문은 내수 처리를 하여 물청소가 용이해야 하며, 내부식성의 재료를 사용해야 한다. 또한 창문과 창틀 사이에 실리콘 패드, 고무 등을 부착하여 밀폐 상태를 유지한다. 작업장의 조명은 작업 환경에 따라 적절한 밝기를 유지해야 하며, 제품 검사실은 1,184~1,400lx, 작업 공간은 592~700lx의 밝기를 권장한다.

19 제과·제빵 작업장의 온·습도 관리가 중요한 이유로 옳지 않은 것은?

① 작업장 온도는 작업자의 근로 환경에 영향을 준다.
② 작업장 온도가 높으면 크림화 작업이 쉽게 되지 않는다.
③ 작업장의 습도는 곰팡이, 미생물 성장에 영향을 줄 수 있다.
④ 작업장 습도가 낮으면 케이크 시트 등이 건조해져 표면이 갈라질 수 있다.

해설

작업장 온도가 너무 낮으면 버터나 초콜릿 등 유지류의 경도가 높아져 크림화가 잘 되지 않고, 불균일한 조직을 가지기 쉽다.

20 3종 세척제 사용에 적합한 것은?

① 냄비
② 커피머신
③ 밀가루 체
④ 과일류

해설

3종 세척제는 식품의 제조·가공용 기구 등을 세척할 때 사용한다.

| 제 2 과목 | 제과점 관리 |

21 재료 구매에 대한 설명으로 옳지 않은 것은?

① 물건을 사들이거나 구입하는 행위이다.

② 구매를 통해 최고 품질의 제품을 생산하여 최대 가치를 소비자에게 제공한다.

③ 구매 담당자는 구매하고자 하는 물품에 대한 전문 지식을 가지고 있어야 한다.

④ 시장 변동성이 크므로 구매 전까지의 시장조사는 하지 않는 것이 효율적이다.

해설

시장조사를 통해 유리한 조건으로 공급 가능한 업체를 선정해야 한다.

22 전문가 집단에서 내린 다양한 결과로 분석하는 수요 예측 방법은?

① 시계열 분석법

② 인과형 분석법

③ 시장조사법

④ 델파이 기법

해설

델파이 기법은 표준화된 자료가 없을 경우 전문가에게 의뢰하여 경험과 직관을 효과적으로 활용하는 방법이다. 전문가가 내린 분석 결과를 회의 또는 설문을 통해 합의점을 도출하는 방법이다.

23 전분의 호화(α화)에 대한 설명 중 옳은 것은?

① 수분 함량이 적을 때 빠르게 일어난다.

② 글루텐이 수화되면서 일어나는 반응이다.

③ 전분 입자의 크기가 클수록 호화가 촉진된다.

④ pH가 산성인 조건에서 촉진하는 반응이다.

해설

전분의 호화 : β-전분을 가열하면 수분을 흡수하여 팽윤되면서 반투명한 콜로이드 상태가 되는 것을 말하며, 전분 입자 크기가 클수록, 수분 함량이 높을수록, pH가 알칼리성일수록, 온도가 높을수록 촉진된다.

24 빵 제조 시 경수를 사용했을 때의 조치 사항으로 옳은 것은?

① 이스트푸드의 사용량을 감소시킨다.

② 발효 시간을 줄인다.

③ 소금의 양을 증가시킨다.

④ 반죽에 넣는 물의 양을 감소시킨다.

해설

경수는 센물이라고도 하며, 빵 제조에 사용 시 반죽이 질겨지고 발효 시간이 길어진다. 칼슘과 마그네슘 같은 무기질을 많이 함유하고 있기 때문에 소금이나 이스트푸드의 사용량을 줄인다.

25 데니시 페이스트리를 제조할 때 적합한 유지의 특성으로 옳은 것은?

① 부드러운 결을 만들기 위해 크림성이 좋은 유지류를 사용하는 것이 좋다.

② 반죽을 접고 밀어 펴기를 반복해야 하는 페이스트리는 가소성의 범위가 큰 유지를 사용하는 것이 좋다.

③ 공기 팽창으로 페이스트리를 부풀릴 수 있도록 공기 포집성이 좋은 유지를 사용하는 것이 좋다.

④ 반죽에 골고루 스며들 수 있도록 융점이 낮고 상온에서 액체 상태인 유지류를 사용하는 것이 좋다.

해설

밀가루 반죽에 유지를 싼 뒤 밀어 펴고 접기를 반복하는 방법으로 제조하는 데니시 페이스트리는 가소성의 범위가 큰 유지를 사용해야 작업하기에 적합하다.

26 필수 아미노산이 아닌 것은?

① 발린 ② 트레오닌

③ 알라닌 ④ 아이소류신

해설

필수 아미노산 : 발린, 류신, 아이소류신, 메티오닌, 트레오닌, 라이신, 페닐알라닌, 트립토판

27 버터가 가지는 특징이 아닌 것은?

① 풍미가 우수하다.

② 무색, 무미, 무취의 특징이 있다.

③ 가소성의 범위가 좁고, 융점이 낮다.

④ 우유의 지방을 원심분리하여 고체로 가공한 것이다.

〔해설〕
②는 쇼트닝에 대한 설명이다.

28 지방이 흡수를 돕는 비타민이 아닌 것은?

① 비타민 D 　　　　② 비타민 K

③ 비타민 C 　　　　④ 비타민 A

〔해설〕
지방은 지용성 비타민(비타민 A, 비타민 D, 비타민 E, 비타민 K)의 흡수를 돕는다.

29 컨벡션 오븐에서 빵을 만들 수 있는 설계 능력은 하루에 100개이고, 유효 능력은 하루 80개이다. 하지만 실제 생산량은 하루 60개일 때, 베이커리의 오븐 이용률은?

① 30% 　　　　② 60%

③ 80% 　　　　④ 100%

〔해설〕
이용률 = 실제 능력 ÷ 설계 능력

　　　 = 60 ÷ 100

　　　 = 0.6

∴ 60%

30 마그네슘(Mg)이 체내에서 하는 기능으로 옳은 것은?

① 항산화제로서 작용하며 세포막의 손상을 막아준다.

② 단백질 대사과정에서 보조효소로 작용한다.

③ 탄수화물 대사의 조효소로 작용하며, 신경과 근육을 조절한다.

④ 골격과 치아를 구성하며, 효소의 구성 성분으로 작용한다.

해설

마그네슘(Mg)은 골격과 치아 및 효소의 구성 성분이다.

31 마케팅을 위한 서비스의 특성이 아닌 것은?

① 서비스는 시간이 지나면 소멸된다.

② 서비스는 생산과 소비가 동시에 일어난다.

③ 서비스는 보이지 않는 무형의 가치를 지닌다.

④ 서비스는 모든 사람에게 동일하게 적용되는 일관성이 있다.

해설

서비스는 제공하는 사람, 장소, 시점, 방법에 따라 달라질 수 있다.

32 제조 원가를 구성하고 있는 간접 경비가 아닌 것은?

① 보험료   ② 임금

③ 가스비   ④ 수도·광열비

해설

간접 경비 : 감가상각비, 보험료, 수선비, 가스비, 수도·광열비 등

33 재고 관리 방법 중 자재의 품목별 사용 금액을 기준으로 분류하고, 그 중요도에 따라 관리 방식을 결정하는 것은?

① EOQ 방식
② 정량적 발주
③ 정기적 발주
④ ABC 분석

해설

ABC 분석은 자재의 품목별 중요도에 따라 전 품목을 A, B, C그룹으로 분류하여 가치가 높은 품목에 대해서 관심을 기울이면서 효과적으로 재고를 통제하기 위한 방법이다.

34 인적 자원 배치의 원칙이 아닌 것은?

① 직원끼리 경쟁을 유발하여 기업의 경영 성과에 도움이 될 수 있도록 한다.
② 직원이 발휘한 능력을 공정하게 평가하고, 적절한 보상을 한다.
③ 직원의 자주성과 자율성을 존중하여 개인의 창조적 능력을 인정한다.
④ 직원의 능력과 성격 등을 고려하여 최적의 직무에 배치해야 한다.

해설

인적 자원을 배치할 때 직원의 능력을 고려하고, 평가된 능력에 대한 적절한 보상과 개인의 창조적 능력을 인정해야 한다.

35 고객층을 나누어 어떤 콘셉트의 제품을 전달할 것인지 계획하는 활동은?

① 촉진 활동
② 가격 정책
③ 시장 세분화
④ 차별화 전략

해설

시장 세분화란 전략적 마케팅 계획에서 누구에게 어떤 콘셉트의 제품을 전달할 것인가를 계획하는 데 고객층, 즉 시장을 나누는 것을 말한다.

36 마케팅 믹스(4P)에 해당하지 않는 것은?

① Point

② Place

③ Price

④ Product

해설

마케팅 믹스 4P : 상품(Product), 가격(Price), 유통(Place), 촉진(Promotion)

37 고객 접점의 의미로 가장 옳은 것은?

① 고객이 원하는 서비스를 의미한다.

② 서비스업에서 고객과 접하는 모든 순간을 의미한다.

③ 고객에게 차별화된 서비스를 제공하는 전략을 의미한다.

④ 고객 간의 선호도가 일치하는 경우를 의미한다.

해설

MOT(Moment Of Truth)는 서비스업에서 고객과 접하는 모든 순간을 의미하며, 고객의 의사 결정뿐만 아니라 기업의 이미지가 결정되는 순간이다.

38 재고관리의 목적이 아닌 것은?

① 유동 자산의 가치를 파악하기 위함이다.

② 신규 주문에 대한 대비를 하기 위함이다.

③ 재고 회전율에 대한 파악을 하기 위함이다.

④ 작업자의 근무 시간을 배분하기 위함이다.

해설

재고관리의 목적
• 유동 자산 가치 파악
• 재고품의 상태 파악
• 재고 회전율 파악
• 신규 주문 대비
• 식재료 원가 비용과 미실현 비용 파악

39 마케팅 전략 수립을 위한 환경 분석 중 외부 환경에 대한 분석이 아닌 것은?

① 인구 변동 분석

② 자사의 제약 조건 분석

③ 경쟁사의 환경 분석

④ 정치 및 법률적 환경 분석

해설

- 외부 환경 분석 : 인구 통계적 환경, 경제적 환경, 자연적 환경, 기술적 환경, 정치적 · 법률적 환경, 사회문화적 환경 분석
- 내부 환경 분석 : 자사의 성과 수준, 강점과 약점, 제약 조건 분석

40 손익분기점에 대한 설명으로 옳지 않은 것은?

① 손익분기점 계산 시 고정비를 분석하여 계산한다.

② 매출액이 손익분기점 이하로 떨어지면 손해가 생길 수 있다.

③ 매출액이 손익분기점을 넘어서면 이익이 발생한다.

④ 어떠한 기간의 매출액이 총비용과 일치하는 지점을 말한다.

해설

손익분기점은 고정비와 변동비, 판매량, 단위당 판매가격을 분석하여 계산한다.

제 3 과목	과자류 제품제조

41 팽창제에 대한 설명으로 적절하지 않은 것은?

① 화학 반응이 일어나면서 탄산가스를 만들어 부피를 부풀린다.

② 베이킹파우더는 탄산수소나트륨을 중화시켜 만든 팽창제이다.

③ 베이킹소다는 중조라고도 하며 이산화탄소를 발생시킨다.

④ 탄산수소나트륨은 열에 의해 분해되며 산성의 물질을 만든다.

> **해설**
> 팽창제는 열을 가하면 탄산가스를 생성하여 부피가 커지며, 화학적 팽창제의 종류에는 탄산수소나트륨과 베이킹파우더
> 가 있다. 탄산수소나트륨은 중조라고도 하며, 이산화탄소를 발생시키고 열에 의해 분해되면서 알칼리성 물질이
> 반죽에 남게 된다.

42 제과용에 적합한 밀가루 단백질의 함량은?

① 3~5%　　　　　　　　　② 7~9%

③ 9~11%　　　　　　　　 ④ 11~13%

> **해설**
> 제과용 밀가루로는 단백질 함량이 낮은 박력분을 사용하며, 박력분은 7~9%의 단백질을 함유하고 있다.

43 거품형 반죽법의 기본 재료가 아닌 것은?

① 밀가루　　　　　　　　 ② 달걀

③ 설탕　　　　　　　　　 ④ 유지

> **해설**
> 거품형 반죽법은 유지 사용량이 적거나 유지를 함유하지 않아 가벼운 식감을 가진다.

44 우유에 대한 설명으로 옳지 않은 것은?

① 수분 88%, 고형분 12%를 함유하고 있다.

② 우유 단백질인 카세인은 산에 의해 응고된다.

③ 우유 속 유당은 분해되지 않고 잔류당으로 남아 빵 제조 시 껍질 색을 낸다.

④ 탈지분유는 생우유 속에 든 수분을 증발시켜 가루로 만든 것이다.

해설

탈지분유는 탈지우유에서 수분을 증발시켜 가루로 만든 것이다.

45 달걀이 가진 기능으로 옳지 않은 것은?

① 달걀의 단백질은 밀가루와 결합하여 구조를 형성한다.

② 달걀노른자의 레시틴은 유화작용을 한다.

③ 달걀을 믹싱하면 공기를 혼입해 반죽의 부피를 커지게 한다.

④ 쿠키의 퍼짐성을 조절하는 재료로 사용된다.

해설

달걀의 기능

• 단백질이 밀가루와 결합하여 구조를 형성함
• 노른자의 레시틴은 유화작용을 함
• 믹싱 중 공기를 혼입하여 부피를 크게 함
• 커스터드 크림 제조 시 농후화 작용을 함

46 스펀지 케이크 제조 과정에서 비중이 0.7이었을 때의 제품 상태로 옳은 것은?

① 기공이 조밀하고 무거운 제품이 된다.

② 부피가 작고 가벼운 제품이 된다.

③ 기공이 크고 거친 제품이 된다.

④ 부피가 커서 가벼운 제품이 된다.

해설

제품의 비중이 높으면 부피가 작고 기공이 조밀하며 무거운 제품이 된다.

44 ④ 45 ④ 46 ① 정답

47 반죽형 반죽법의 특징이 아닌 것은?

① 밀가루, 달걀, 유지, 설탕 등을 구성 재료로 한다.
② 화학적 팽창제를 사용하여 부피를 형성한다.
③ 달걀 사용량이 많아 가벼운 식감을 갖게 된다.
④ 많은 양의 유지를 함유한 제품으로 반죽 온도가 중요하다.

해설
③은 거품형 반죽법의 특징이다.

48 초콜릿을 템퍼링(Tempering)할 때 맨 처음 녹이는 공정의 온도 범위로 가장 적합한 것은?

① 10~20℃
② 20~30℃
③ 30~40℃
④ 40~50℃

해설
초콜릿 템퍼링은 초콜릿의 모든 성분이 골고루 녹도록 49℃로 용해한 다음 26℃ 전후로 냉각하고 다시 적절한 온도(29~31℃)로 올리는 작업을 말한다.

49 오버 베이킹(Over Baking)에 대한 설명 중 틀린 것은?

① 높은 온도의 오븐에서 굽는다.
② 윗부분이 평평해진다.
③ 굽기 시간이 길어진다.
④ 제품에 남는 수분이 적다.

해설
• 오버 베이킹(Over Baking) : 굽는 온도가 너무 낮으면 조직이 부드러우나 윗면이 평평하고 수분 손실이 크게 된다.
• 언더 베이킹(Under Baking) : 오븐의 온도가 너무 높으면 중심 부분이 갈라지고 조직이 거칠어지며 설익어 M자형 결함이 생긴다.

50 수돗물 온도가 18℃, 사용할 물의 온도가 9℃, 사용한 물의 양이 10kg일 때 얼음 사용량은 얼마인가?

① 0.81kg
② 0.92kg
③ 1.11kg
④ 1.21kg

해설

얼음 사용량 = 물 사용량 × $\dfrac{\text{수돗물 온도} - \text{원하는 물 온도}}{80 + \text{수돗물 온도}}$

$= 10 \times \dfrac{18 - 9}{80 + 18}$

$= 10 \times \dfrac{9}{98}$

$= 0.91836$

$≒ 0.92\text{kg}$

51 튀김 시 기름 흡수에 영향을 주는 조건이 아닌 것은?

① 당, 지방의 함량이 많을 때 흡유량이 많아진다.
② 튀기는 식품의 표면적이 클수록 흡유량이 증가한다.
③ 튀김 시간이 길어질수록 흡유량이 많아진다.
④ 팽창제의 사용을 적게 하면 흡유량이 많아진다.

해설

설탕, 유지, 팽창제 등의 사용량이 많으면 기공이 열리고 구멍이 생겨 흡유량이 많아진다.

52 카카오 열매의 자극적인 쓴맛이 없어지고, 초콜릿 특유의 향이 형성되는 가공 단계는?

① 배합
② 발효
③ 선별
④ 건조

해설

초콜릿 1차 가공에서 발효는 카카오 열매의 자극성 있는 쓴맛을 없애 준다. 이때 발효가 정상적으로 이루어지지 않으면 초콜릿 특유의 향이 나지 않는다.

53 초콜릿 템퍼링 과정에서 코코아 버터가 불안정한 결정이 되어 표면에 하얀 결정처럼 보이는 현상은?

① 코코아 블룸　　　　　　　　② 버터 블룸

③ 팻 블룸　　　　　　　　　　④ 슈거 블룸

> **해설**
> • 팻 블룸(Fat Bloom) : 초콜릿 표면에 하얀 곰팡이 모양으로 얇은 흰 막이 생기는 현상
> • 슈거 블룸(Sugar Bloom) : 초콜릿 표면에 작은 흰색 설탕 반점이 생기는 현상

54 과자류 제품 제조 시 삼각톱날을 이용하여 할 수 있는 작업으로 옳은 것은?

① 케이크 시트에 시럽을 골고루 바를 때 사용한다.

② 반죽을 균일하게 분할할 때 사용한다.

③ 아이싱(Icing)을 한 후 윗면 또는 옆면에 물결무늬를 낼 때 사용한다.

④ 짤주머니에 넣어 다양한 무늬를 내고자 할 때 사용한다.

> **해설**
> 삼각톱날은 아이싱(Icing)을 한 후 케이크 윗면 또는 옆면에 물결무늬를 낼 때 사용한다.

55 폰당(Fondant)을 제조하는 방법으로 옳은 것은?

① 달걀흰자에 슈거 파우더를 넣고 혼합한다.

② 설탕 시럽을 115~118℃로 끓여서 40℃로 식히면서 교반한다.

③ 머랭에 아몬드 파우더를 넣고 반죽한다.

④ 생크림에 중탕시킨 초콜릿을 넣어 혼합한다.

> **해설**
> 설탕 시럽을 115~118℃로 끓여서 40℃로 식히면서 교반하면 희고 뿌연 상태의 폰당(Fondant)이 만들어진다.

56 팬 오일의 조건이 아닌 것은?

① 산패되기 쉬운 지방산이 적어야 한다.

② 반죽 무게의 0.1~0.2%를 사용한다.

③ 발연점이 130℃ 정도 되는 기름을 사용한다.

④ 면실유, 대두유 등의 기름이 이용된다.

해설

팬 오일은 발연점이 높을수록 좋고, 210~230℃가 되는 기름을 사용한다.

57 저장관리의 원칙으로 틀린 것은?

① 공간 차지 극대화 원칙

② 분류 저장의 원칙

③ 선입선출의 원칙

④ 품질 보존의 원칙

해설

저장관리의 원칙

• 저장 위치 표시의 원칙
• 분류 저장의 원칙
• 선입선출의 원칙
• 공간 활용 극대화 원칙
• 안전성 확보의 원칙
• 품질 보존의 원칙

58 제품의 소비기한에 영향을 주는 요인 중 성격이 다른 하나는?

① 원재료

② pH 및 산도

③ 저장 온도

④ 제품의 배합

해설

소비기한에 영향을 주는 요인

내부적 요인	외부적 요인
• 원재료 • 제품의 배합 및 조성 • 수분 함량 및 수분활성도 • pH 및 산도 • 산소의 이용성 및 산화 환원 전위	• 제조 공정 • 위생 수준 • 포장 재질 및 포장 방법 • 저장, 유통, 진열 조건(온도, 습도, 빛 등)

59 노무비를 절감하기 위한 방법으로 적절하지 않은 것은?

① 제조 공정 표준화
② 공정의 효율적 연계
③ 공정의 수작업화
④ 제품별 생산 계획 수립

해설

기계화, 자동화 등의 제조 방법 개선으로 노무비를 절감할 수 있다.

60 굽기 과정에서 일어나는 변화로 틀린 것은?

① 향이 생성된다.
② 오븐 팽창이 일어난다.
③ 글루텐 단백질이 응고된다.
④ 반죽 온도 90℃ 이상에서 효소의 활성이 증가한다.

해설

60℃ 전후에서 전분의 호화가 일어나고, 70℃에서 단백질 변성이 일어나며, 90℃가 되면 효소가 불활성화된다.

제 **1** 과목 〉 **위생안전관리**

01 식품 취급자의 손 관리 및 세척에 대한 내용으로 적절하지 않은 것은?

① 반지, 시계 등의 장신구 착용을 하지 않도록 한다.

② 손 세척 후 공용으로 사용하는 면 수건에 물기를 완전히 말린 후 작업한다.

③ 화농성 상처가 있는 사람은 식품 제조 작업에 참여하지 않도록 한다.

④ 작업 공정이 바뀔 때마다 손 세척을 하여 교차오염을 방지한다.

해설

손을 세척한 후에는 공용으로 사용하는 면 수건이나 개인 손수건은 삼가고, 일회용 종이 타월 등으로 물기를 완전히 제거한다.

02 세척제 구비 시 조건으로 옳지 않은 것은?

① 금속 등 부식성이 없어야 한다.

② 지방을 유화시키는 유화성을 가지고 있어야 한다.

③ 세정력이 강하고, 단백질을 용해시킬 수 있어야 한다.

④ 세척제와 함께 표면에 부착된 오염원을 제거할 수 있도록 물을 경화시킬 수 있어야 한다.

해설

세척제로서 구비해야 할 조건
• 세척력이 강하고, 금속 부식성이 없어야 함
• 습윤성 및 분산성이 있어야 함
• 지방 유화성이 있어야 함
• 단백질 용해성이 있어야 함
• 경수 연화성이 있어야 함

03 식품 취급자의 화농성 질환에 의해 감염되는 식중독은?

① 웰치균 식중독

② 황색포도상구균 식중독

③ 장염 비브리오 식중독

④ 병원성 대장균 식중독

해설

황색포도상구균 식중독은 샌드위치, 우유 및 유제품 등과 같은 식품이 원인이 되어, 설사나 구토, 복통 증상을 일으키며 화농성 질환을 유발한다.

04 식중독 예방을 위한 개인 위생관리로 적절하지 않은 것은?

① 작업 시작 전, 공정이 바뀔 때 등 손 씻기를 생활화한다.

② 음식물은 중심부 온도 85℃에서 1분 이상 조리하여 충분히 가열하여 먹는다.

③ 작업 시 교차오염을 방지할 수 있도록 식재료 관리를 철저하게 한다.

④ 식중독 발생 시 역학조사를 실시하여 오염된 식품을 섭취하지 않도록 한다.

해설

식중독 발생 시 역학조사는 관할 시·군·구 소속 역학조사반에서 하는 조치 사항이다.

05 식품에 접촉하는 기구 표면을 소독하고자 할 때 적절한 차아염소산나트륨의 농도는?

① 200ppm

② 500ppm

③ 1,000ppm

④ 2,000ppm

해설

식품 접촉 기구 표면의 소독 시 적절한 차아염소산나트륨의 농도는 200ppm이다.

06 과자류 제품 제조에 사용되는 기기 및 도구에 대한 설명으로 바르지 않은 것은?

① 저울 – 제시된 배합표에 따라 재료를 계량하기 위해 사용하는 것

② 스패출러 – 시트에 크림을 아이싱하기 위해 사용하는 것

③ 파이롤러 – 반죽을 밀어 펴 일정한 크기로 분할하기 위해 사용하는 것

④ 수직형 믹서기 – 케이크 반죽 시 사용하며, 소규모 제과점에서 주로 사용하는 것

해설

파이롤러는 쿠키나 파이 등의 반죽을 반복적으로 밀어 펴기 하여 원하는 두께로 펴 주는 기기이다.

07 작업환경 위생안전관리 지침서에 포함되지 않는 내용은?

① 재료 품질 보증 관리

② 화장실 및 탈의실 관리

③ 작업장 온·습도 관리

④ 폐기물 및 폐수 처리시설 관리

해설

작업환경 위생안전관리 지침서의 내용
• 작업장 주변 관리
• 방충·방서 관리
• 화장실 및 탈의실 관리
• 작업장 및 매장의 온·습도 관리
• 전기·가스·조명 관리
• 폐기물 및 폐수 처리시설 관리
• 시설·설비 위생관리

08 다음 중 결합수의 특징으로 옳은 것은?

① 수용성 물질의 용매로 작용한다.

② 미생물의 증식이나 효소 등의 반응에 사용하지 못한다.

③ 100℃에서 끓고, 0℃에서 어는 특징을 가지고 있다.

④ 가열 시 식품에서 쉽게 제거, 건조될 수 있다.

해설

결합수는 여러 이온기가 결합되어 있는 수분의 형태로, 미생물의 증식, 생육과 효소 반응 등에 사용되지 못한다.

09 중온균이 발육할 수 있는 온도 범위는?

① 0~25℃　　　　　　　　② 15~55℃

③ 40~70℃　　　　　　　④ 80~100℃

> **해설**
>
> 균의 종류별 발육 가능 온도
> • 저온균 : 0~25℃
> • 중온균 : 15~55℃
> • 고온균 : 40~70℃

10 생과일, 채소, 식품에 접촉하는 용기, 작업자 발판 소독 등에 사용 가능한 소독 방법은?

① 자외선 소독　　　　　　② 증기 소독

③ 건열 소독　　　　　　　④ 염소 소독

> **해설**
>
> 염소 소독은 생과일, 채소에 100ppm, 용기 등 식품 접촉면에 100ppm, 발판 소독에 100ppm 이상 사용이 가능한 소독 방법이다.

11 식품위생법에서 정의하는 기구의 범위로 적절하지 않은 것은?

① 음식을 먹을 때 사용하는 것

② 식품을 조리할 때 사용하는 것

③ 농업에서 식품을 채취할 때 사용하는 것

④ 식품첨가물을 가공할 때 사용하는 것

> **해설**
>
> 정의(식품위생법 제2조제4호)
> 기구란 다음의 어느 하나에 해당하는 것으로서 식품 또는 식품첨가물에 직접 닿는 기계·기구나 그 밖의 물건(농업과 수산업에서 식품을 채취하는 데에 쓰는 기계·기구나 그 밖의 물건 및 위생용품은 제외)을 말한다.
> • 음식을 먹을 때 사용하거나 담는 것
> • 식품 또는 식품첨가물을 채취·제조·가공·조리·저장·소분[(小分) : 완제품을 나누어 유통을 목적으로 재포장하는 것을 말함]·운반·진열할 때 사용하는 것

12 제품의 품질 개선을 위한 원인 분석으로 적절하지 않은 것은?

① 제조 공정서상에서 정해 놓은 공정대로 이행되었는지 확인한다.

② 설비 관리가 잘못되어 파손되거나 오작동이 발생했는지 확인한다.

③ 부적절하게 보관되어 변질된 원료를 사용하여 생산되었는지 확인하다.

④ 품질에 비해 낮은 가격으로 판매되었는지 확인한 후 가격을 상향 조정한다.

해설

제품의 품질 개선은 원료, 배합, 공정, 설비, 작업자와 같은 문제를 확인하고 원인을 분석한 후 그에 대한 해결책을 찾아 추후에 발생하지 않도록 방안을 마련하는 것이다.

13 다음에서 설명하는 것은?

> 식품을 제조·가공단계부터 판매단계까지 각 단계별로 정보를 기록·관리하여 그 식품의 안전성 등에 문제가 발생할 경우 그 식품을 추적하여 원인을 규명하고 필요한 조치를 할 수 있도록 관리하는 것

① 식품안전관리제도

② HACCP

③ ISO 인증제도

④ 식품이력추적관리

해설

② HACCP(식품 및 축산물 안전관리인증기준) : 식품·축산물의 원료 관리, 제조·가공·조리·선별·처리·포장·소분·보관·유통·판매의 모든 과정에서 위해한 물질이 식품 또는 축산물에 섞이거나 식품 또는 축산물이 오염되는 것을 방지하기 위하여 각 과정의 위해요소를 확인·평가하여 중점적으로 관리하는 기준

③ ISO 인증제도 : 품질, 안전, 효율 등을 보장하기 위해 제품, 서비스, 시스템에 대한 세계 최고의 규격을 제공하는 것

14 HACCP 절차 중 '중요관리점(CCP) 결정' 단계에 대한 설명으로 옳은 것은?

① 식품의 위해를 방지, 제거하거나 안전성을 확보할 수 있는 단계 또는 공정을 결정하는 것이다.

② HACCP을 진행할 팀을 설정하고, 수행 업무와 담당을 기재한다.

③ 예측 가능한 사용 방법과 범위, 제품에 포함된 잠재성을 가진 위해물질에 민감한 대상 소비자를 파악한다.

④ 원료, 제조 공정 등에 대해 생물학적, 화학적, 물리적인 위해를 분석하는 단계이다.

> **해설**
> ② 'HACCP팀 구성' 단계, ③ '용도 확인' 단계, ④ '위해요소 분석' 단계이다.

15 식품첨가물이 갖추어야 할 조건으로 옳지 않은 것은?

① 식품에 나쁜 영향을 주지 않을 것

② 다량 사용하였을 때 효과가 나타날 것

③ 상품의 가치를 향상시킬 것

④ 식품 성분 등에 의해서 그 첨가물을 확인할 수 있을 것

> **해설**
> 식품첨가물의 구비 조건
> • 사용 방법이 간편하고 미량으로도 효과가 있어야 한다.
> • 독성이 적거나 없으며, 인체에 유해한 영향을 미치지 않아야 한다.
> • 물리적, 화학적 변화에 안정해야 한다.
> • 값이 저렴해야 한다.

16 식품첨가물과 그 용도가 바르게 짝지어진 것은?

① 소포제 – 제빵의 품질을 증진시키기 위해 밀가루나 반죽에 추가되는 첨가물

② 발색제 – 지방의 산패, 색상의 변화 등 산화로 인한 식품 품질 저하를 방지하기 위한 첨가물

③ 살균제 – 식품의 산도를 조절하기 위해 넣는 첨가물

④ 표백제 – 식품이 가진 원래의 색을 없애거나 퇴색을 방지하기 위한 첨가물

> **해설**
> ① 소포제 : 식품의 제조 공정 중에 발생하는 거품을 제거하기 위해 사용되는 첨가물
> ② 발색제 : 식품의 색을 고정하거나 선명하게 하기 위한 첨가물
> ③ 살균제 : 식품의 부패 원인균 또는 감염병 등의 병원균을 사멸시키기 위하여 사용되는 첨가물

17 교차오염 방지를 위해 하는 행동으로 옳지 않은 것은?

① 식자재와 음식물이 직접 닿는 랙(Rack)이나 내부 표면, 용기는 매일 세척·살균한다.

② 주방 공간에 설치된 장비나 기물은 정기적인 세척을 해 주어야 한다.

③ 상온 창고의 바닥은 일정한 습도를 유지해야 한다.

④ 만일에 대비해 주방설비의 작동 매뉴얼과 세척을 위한 설명서를 확보해 두는 것이 좋다.

해설

교차오염 방지를 위해 상온 창고의 바닥은 항상 건조 상태를 유지하는 것이 좋다.

18 경구감염병에 대한 설명으로 적절하지 않은 것은?

① 2차 감염이 발생하지 않는다.

② 음용수 관리를 철저히 하여 예방할 수 있다.

③ 감염자의 분변, 구토물이 감염원이 된다.

④ 장티푸스, 세균성 이질, 파라티푸스, 소아마비 등이 있다.

해설

경구감염병은 치명률은 낮으나, 2차 감염이 있다.

19 식중독 위기 대응 4단계 중 다음은 어떤 단계에 대한 설명인가?

> • 전국에서 동시에 원인 불명의 식중독 확산
> • 특정 시설에서 전체 급식 인원의 50% 이상 환자 발생

① 관심(Blue) 단계

② 주의(Yellow) 단계

③ 경계(Orange) 단계

④ 심각(Red) 단계

해설

식중독 위기 대응 4단계 - 경계(Orange) 단계
• 전국에서 동시에 원인 불명의 식중독 확산
• 특정 시설에서 전체 급식 인원의 50% 이상 환자 발생
• 대국민 식중독 '경계' 경보 발령, 의심 식자재 잠정 사용 중단 조치 등

20 식품위생법상 식품위생의 대상은?

① 식품, 약품, 기구, 용기, 포장

② 조리법, 조리시설, 기구, 용기, 포장

③ 조리법, 단체급식, 기구, 용기, 포장

④ 식품, 식품첨가물, 기구, 용기, 포장

해설

식품위생이란 식품, 식품첨가물, 기구 또는 용기·포장을 대상으로 하는 음식에 관한 위생을 말한다(식품위생법 제2조제11호).

제 **2** 과목 · 제과점 관리

21 전화당을 만들 때 수크로스(Sucrose)를 가수분해하는 효소는?

① 인버테이스(Invertase, 인버타제)
② 아밀레이스(Amylase, 아밀라제)
③ 라이페이스(Lipase, 리파제)
④ 프로테이스(Protease, 프로테아제)

해설

전화당은 자당을 용해시킨 액체에 산을 가하여 높은 온도로 가열하거나 분해 효소인 인버테이스(Invertase, 인버타제)로 설탕을 가수분해하여 생성된 포도당과 과당의 동량 혼합물을 말한다.

22 델파이 기법에 대한 설명으로 적절하지 않은 것은?

① 수요 예측의 정성적 방법이다.
② 전문가 집단의 자유로운 토론을 통하여 수요 예측에 대한 결론을 도출하는 방법이다.
③ 표준화된 자료가 없을 경우 전문가에게 의뢰하여 경험과 직관을 활용하는 방법이다.
④ 전문가가 문제에 대한 정확한 지식을 갖지 못한 경우 이에 대한 구별을 사전에 파악하기 어렵다는 단점이 있다.

해설

②는 위원회 동의법에 대한 설명이다.

23 물품 구매 시 고려해야 할 조건이 아닌 것은?

① 구입처의 신용도
② 구입처의 종업원 수
③ 물품의 품질
④ 물품의 구입 방법

해설

물품 구매 시 구입처의 신용도, 구입 가격, 구입 방법 등을 고려하여 적절한 시기에 납품되도록 해야 한다.

21 ① 22 ② 23 ② 정답

24 밀가루에 포함된 단백질의 종류가 아닌 것은?

① 글로불린(Globulin)

② 글리아딘(Gliadin)

③ 알부민(Albumin)

④ 카세인(Casein)

해설

카세인(Casein)은 우유에 함유된 단백질이다.

25 신선도가 떨어진 달걀을 이용해 케이크류를 제조했을 때 나타날 수 있는 결과로 옳은 것은?

① 기포 형성이 빠르고 안정적인 기포가 형성된다.

② 기포 형성 시간이 짧고 불안정하다.

③ 기포 형성 시간은 길지만 안정적인 기포가 형성된다.

④ 부피가 크고 식감이 부드러운 제품이 만들어진다.

해설

달걀의 신선도에 따라 기포를 생성하는 시간과 안정성이 달라진다. 신선도가 떨어지는 달걀은 기포 형성 시간은 짧고 기포 형성이 불안정하다.

26 탄산수소나트륨을 반죽에 다량 사용했을 때의 결과로 적절한 것은?

① 반죽이 잘 부풀지 않는다.

② 알칼리성 물질이 반죽에 남아 쓴맛을 나게 한다.

③ 기공이 일정하고 부드러운 질감의 반죽이 된다.

④ 글루텐을 단단하게 하여 탄력성 있는 반죽을 만든다.

해설

탄산수소나트륨은 중조라고도 하며, 이산화탄소를 발생시킨다. 열에 의해 분해되면서 알칼리성 물질이 반죽에 남아 색소에 영향을 미쳐 제품의 색상을 진하게 만들고, 쓴맛이 나게 한다.

27 전분의 노화를 억제하기 위한 방법으로 옳은 것은?

① pH가 산성인 조건을 만들어 준다.

② 실온에 보관하여 건조되지 않도록 한다.

③ 설탕, 유지 사용량을 증가시킨다.

④ 수분 함량을 늘려 자유수를 증가시킨다.

해설

전분의 노화 억제 방법
• 수분 함량을 10% 이하로 조절하거나 −18℃ 이하로 동결시킨다.
• 설탕, 유지 사용량을 증가시킨다.

28 지방의 분류 중 적절하지 않은 것은?

① 중성지방은 3분자의 지방산과 1분자의 글리세린으로 결합된 형태이다.

② 인지질은 지방산 1분자와 인산기가 결합된 형태로 세포막을 구성한다.

③ 유도지방은 단순지방, 복합지방의 가수분해 산물이다.

④ 포화 지방산은 탄소와 탄소 결합이 단일결합으로 이루어진 형태이다.

해설

인지질은 중성지방(3분자의 지방산과 1분자의 글리세린)에 인산기가 결합된 형태이다.

29 비타민 C의 기능으로 옳은 것은?

① 눈의 망막세포를 구성한다.

② 항산화제 역할을 하며 콜라겐을 합성한다.

③ 1g당 4kcal의 에너지를 발생시킨다.

④ 삼투압 작용으로 체내 수분 균형을 조절한다.

해설

비타민 C는 수용성 비타민의 종류 중 하나로 혈관 노화를 방지하는 등 항산화제로서의 역할과 콜라겐을 합성한다.

27 ③ 28 ② 29 ② 정답

30 생산 계획을 세우기 위한 과정으로 옳지 않은 것은?

① 분기별, 월간, 주간, 일일 생산 계획을 세운다.

② 물품을 생산할 수 있는 설비능력을 파악한다.

③ 계획된 물품을 생산하기 위한 설비의 효율을 파악한다.

④ 변동성이 큰 시장에 적응하기 위해 단기 계획 위주로 세운다.

해설

생산 계획이란 일정한 기간 안에서 어떤 물품을 생산하기 위하여 세우는 계획을 말한다. 생산 계획을 세우기 위해서는 예측된 수요의 충족을 위해 분기별, 월간, 주간, 일일 제품을 계획하고, 생산 설비능력 및 효율을 파악해야 한다.

31 인적 자원 관리의 목표로 가장 적절한 것은?

① 경쟁 업체에서 유능한 인재를 데려올 수 있다.

② 종사자의 능력을 향상시켜 노동비를 절감하기 위함이다.

③ 노사 갈등을 완전히 막을 수 있는 수단이 된다.

④ 기업의 목표 달성 뿐만 아니라 종사자의 성취감을 가져올 수 있다.

해설

인적 자원 관리란 노동력의 육성 개발 및 유지 활동을 하는 모든 총체적인 관리 활동으로, 이를 통해 기업 목표인 생산성과 종업원의 생계 유지 및 성취감을 가져올 수 있다.

32 마케팅(Marketing)에 대한 설명으로 가장 적절한 것은?

① 자사의 제품이나 서비스가 경쟁사의 제품보다 소비자에게 우선적으로 선택될 수 있도록 하기 위해 행하는 활동으로 소비자의 니즈(Needs)와 원츠(Wants)를 충족시켜 주기 위한 기업의 활동

② 기업의 목표 달성 뿐만 아니라 종사자의 성취감을 가져올 수 있는 인적 관리 차원의 기업 경영 활동

③ 시장의 트렌드를 반영하여 타깃(Target)으로 삼은 소비자만을 위해 최고 품질의 서비스를 제공하는 기업의 경영 활동

④ 기업의 최대 목표인 생산성 증대를 목적으로만 하는 경영 활동

> **해설**
> 마케팅(Marketing)이란 자사의 제품이나 서비스가 경쟁사의 제품보다 소비자에게 우선적으로 선택될 수 있도록 하기 위해 행하는 모든 제반 활동을 의미하며, 소비자의 니즈(Needs)와 원츠(Wants)를 충족시켜 주기 위한 기업의 활동을 말한다.

33 원가의 구성 요소 중 제조 원가에 속하지 않는 것은?

① 노무비   ② 감가상각비

③ 판매비   ④ 재료비

> **해설**
> 제조 원가는 직접 원가(직접 재료비, 직접 노무비, 직접 경비)에 제조 간접비(간접 재료비, 간접 노무비, 간접 경비)를 더한 것을 말한다.

34 손익계산서를 통해 알 수 없는 정보는?

① 기업의 자산 및 자본 금액

② 일정 기간 동안 기업에서 얻은 순이익

③ 재화 또는 용역을 판매하여 얻어진 총매출액

④ 일정 기간 동안 수익을 발생하기 위하여 지출한 비용

> **해설**
> 손익계산서는 일정 기간 동안 기업의 경영 성과를 나타내는 재무 보고서로 이를 통해 수익, 비용, 순이익(순손실)을 알 수 있다. 손익계산서와 함께 기업의 자산, 부채, 자본 상태를 보여주는 것은 대차대조표이다.

32 ①   33 ③   34 ①   **정답**

35 고객 만족을 위한 3요소에 해당하지 않는 것은?

① 인테리어나 시설과 같은 기업 이미지
② 예약, 업무 처리 등과 같은 고객 관리 시스템
③ 직원의 접객 태도와 같은 서비스 마인드
④ 복리후생 등 직원의 근로 조건

해설

고객 만족이란 고객의 욕구와 기대에 부응하여 그 결과로서 상품과 서비스의 재구입이 이루어지고 신뢰감이 이어지는 상태를 말한다.
• 하드웨어적 요소 : 제과점의 상품, 기업 이미지와 브랜드 파워, 인테리어 시설, 주차 시설 등
• 소프트웨어적 요소 : 제과점의 상품과 서비스, 서비스 절차, 예약, 업무 처리 등
• 휴먼웨어적 요소 : 제과점 직원의 서비스 마인드, 접객 태도 등

36 원가 절감 방법 중 원재료비를 줄일 수 있는 방법으로 가장 적절한 것은?

① 작업 배분을 적절하게 하여 작업 능률을 높인다.
② 원재료 가공 작업을 기계화 및 자동화한다.
③ 적정 재고량을 유지하고 보유함으로써 재료 손실을 최소화한다.
④ 숙련도 높은 작업자에게 원재료 취급을 맡긴다.

해설

원재료비의 원가 절감 방법
• 구매 관리, 구입 단가, 구매 시점 조절 등을 통해 원가를 절감한다.
• 원재료의 배합 설계와 제조 공정 설계를 최적 상태로 하여 생산 수율을 높인다.
• 원재료 입고·보관 중 생기는 불량품을 줄여 재료 손실을 방지한다.
• 적정 재고량을 보유함으로써 부패로 인한 손실을 최소화한다.

37 재고 관리에 대한 설명 중 적절하지 않은 것은?

① 재고 관리는 유동 자산 가치를 파악하는 수단이 된다.

② 재고 관리를 통해 인플레이션 등 가격 변동에 대비할 수 있다.

③ 재고 관리를 통해 재고 수준이 최대가 되게 하여 신규 주문에 대비한다.

④ 재고 관리는 재고상의 비용이 최소가 되도록 계획하고 통제하는 과정이다.

해설

재고 관리의 기능 및 목적
- 공급과 수요의 시간적 차이를 해결한다.
- 재고상의 비용이 최소가 되도록 계획·통제하는 경영 기능이다.
- 인플레이션, 계절적 변동 등 가격 변동에 대비할 수 있다.
- 유동 자산 가치를 파악할 수 있다.
- 재고품의 상태 및 재고 회전율을 파악할 수 있다.

38 마케팅 전략을 위한 환경 분석의 성격이 다른 하나는?

① 기술적 환경 분석

② 자사의 제약 조건 분석

③ 소득 증감에 따른 구매 패턴 분석

④ 위생관리법 등 법률적 환경 분석

해설

마케팅 전략을 위한 외부 환경 분석
- 인구 통계적 환경(인구 변동, 연령, 성별, 출생률, 사망률 등)
- 경제적 환경(소득 증감에 따른 구매 패턴 변화)
- 자연적 환경(자연재해 등)
- 기술적 환경(기계 및 장비의 발달)
- 정치, 법률적 환경(정치적 문제나 위생관리법, 환경관련법 등)
- 사회문화적 환경(사회의 신념이나 가치, 규범 등)
- 경쟁사 환경
※ 마케팅 전략을 위한 내부 환경 분석 : 자사의 성과 수준, 강점 및 약점, 제약 조건 분석 등

39 기업의 생산 활동을 구성하는 요소(4M)가 아닌 것은?

① 사람(Man)

② 기계(Machine)

③ 시장(Market)

④ 재료(Material)

해설

기업 생산 활동의 구성 요소(4M)
- 사람, 질과 양(Man)
- 재료, 물질(Material)
- 기계, 시설(Machine)
- 방법(Method)

40 SWOT 분석의 전략 수립 단계 중 S/O 전략에 대한 설명으로 옳은 것은?

① 시장의 기회를 활용하기 위하여 강점으로 기회를 살리는 전략

② 시장의 위협을 피하기 위하여 강점으로 위협을 피하거나 최소화하는 전략

③ 약점을 제거하거나 보완하여 시장의 기회를 활용하는 전략

④ 약점을 최소화하거나 없애는 동시에 시장의 위협을 피하거나 최소화하는 전략

해설

① S/O(강점–기회 전략)
② S/T(강점–위협 전략)
③ W/O(약점–기회 전략)
④ W/T(약점–위협 전략)

제3과목 〉·〈 과자류 제품제조

41 식품의 보존 방법 중 물리적 보존법에 대한 설명으로 적절한 것은?

① 일광 건조법이란 가열한 공기를 식품 표면에 불어 수분을 증발시키는 방법이다.

② 감압 건조법이란 식품을 급속 동결시킨 후 진공 상태에서 얼음 결정을 승화시켜 건조하는 방법이다.

③ 배건법이란 식품에 직접 불을 가하여 수분을 건조시키는 방법이다.

④ 저온 살균법이란 95~120℃에서 30~60분간 가열하는 방법이다.

해설

• 일광 건조법 : 식품을 햇볕에 쬐어 말리는 방법
• 감압 건조법 : 감압, 저온 상태로 식품을 건조시키는 방법
• 저온 살균법 : 61~65℃에서 30분간 가열 후 급랭시키는 방법

42 건조 이스트(Dry Yeast)를 사용하는 방법으로 옳은 것은?

① 사용하기 직전 60℃의 물에 수화시킨다.

② 이스트 중량의 4~5배 되는 35~43℃의 미지근한 물에 수화시킨다.

③ 이스트 활성을 위해 5시간 정도 미지근한 물에 수화시킨다.

④ 이스트 중량의 10배 되는 미지근한 물에 소금을 약간 넣은 후 수화시킨다.

해설

건조 이스트(Dry Yeast)는 수분이 7~9%로 낮기 때문에 이스트 중량의 4~5배 되는 미지근한 물(35~43℃)에 수화시켜 사용한다.

43 과자류 제품 장식물로 적절하지 않은 것은?

① 머랭
② 가나슈
③ 마지팬
④ 파스티아주

해설

장식물은 수분이 많은 크림 위에 장식되는 경우가 많아서 수분에 강한 장식물(머랭, 마지팬, 설탕 공예품, 파스티아주) 등이 유리하다. 가나슈는 장식물보다는 충전물로 적절하다.

44 우유의 가공에 관한 설명으로 틀린 것은?

① 크림의 주성분은 우유의 지방이다.

② 분유는 전유, 탈지유 등을 건조시켜 분말화한 것이다.

③ 초고온 순간 살균법은 130~140℃에서 2초간 살균한 것이다.

④ 무당연유는 살균 처리하지 않았기 때문에 개봉 후 바로 사용해야 한다.

해설

무당연유는 전유 중 수분 60%를 제거하고 농축한 것으로 설탕 첨가에 의한 보존성이 없기 때문에 살균 처리하여야 한다.

45 스냅 쿠키(Snap Cookies) 제조 시 주의할 점은?

① 설탕 사용량이 많고, 비교적 낮은 온도에서 오래 구워야 한다.

② 달걀의 기포성을 이용하여 부피를 최대로 하여 제조한다.

③ 액체 재료를 많이 사용하여 부드럽게 제조해야 한다.

④ 짤주머니를 사용하여 일정한 크기와 모양으로 패닝(Panning)해야 한다.

해설

스냅쿠키(Snap Cookies)는 슈거 쿠키(Sugar Cookies)라고도 하며, 드롭 쿠키(Drop Cookies)에 비해 달걀 함량이 적어 수분이 적고, 반죽을 밀어 펴 원하는 모양을 성형하는 쿠키이다. 설탕 사용량이 많고, 낮은 온도에서 구워 바삭한 것이 특징이다.

46 블렌딩법(Blending Method)으로 제조한 제품의 특징으로 알맞은 것은?

① 부피가 크고 신장성이 커서 단단한 질감을 갖는다.

② 글루텐 형성이 최대가 되어 신장성 있는 반죽이 된다.

③ 액당을 사용하여 고운 속결이 형성된다.

④ 유지가 밀가루 입자를 얇은 막으로 피복하기 때문에 부드럽고 유연한 제품이 만들어진다.

해설

블렌딩법(Blending Method)은 먼저 유지와 밀가루를 믹싱하여 밀가루 입자에 유지가 얇게 피복되어 글루텐 형성이 최소화되며, 유연하고 부드러운 제품이 만들어진다.

47 반죽 온도에 영향을 미칠 수 있는 조건이 아닌 것은?

① 반죽을 제조하는 작업장 내부의 온도

② 반죽을 제조하는 작업장 외부의 온도

③ 반죽에 사용하는 사용수의 온도

④ 반죽 제조 시 반죽기에 휘퍼가 회전하며 생기는 마찰 정도

> 해설
>
> 반죽 온도 조절
> • 반죽 온도가 낮으면 기공이 조밀해져 부피가 작고 식감이 나빠진다.
> • 반죽 온도가 높으면 기공이 열리고 큰 구멍이 생겨 조직이 거칠어진다.
> • 작업장의 온도, 마찰 계수, 사용수 등은 반죽 온도에 중요한 요인이 된다.

48 비중컵의 무게가 50g, 비중컵의 물이 600g, 비중컵의 반죽이 270g일 때, 반죽의 비중은?

① 0.3

② 0.4

③ 0.5

④ 0.6

> 해설
>
> 반죽의 비중이란 같은 부피의 물의 무게에 대한 반죽의 무게를 나타낸 값이다.
>
> 비중 $= \dfrac{\text{동일한 부피의 반죽 무게}}{\text{동일한 부피의 물 무게}} = \dfrac{270 - 50}{600 - 50} = 0.4$

49 거품형 반죽법 중 더운 공립법의 특징으로 옳은 것은?

① 고율 배합에 적합한 제조 방법이다.

② 흰자와 노른자를 분리한 후 각각 거품을 올린다.

③ 공기 포집 속도가 느려 제조 시간이 오래 걸린다.

④ 설탕이 잘 녹지 않을 수 있어 주의를 해야 한다.

> 해설
>
> 더운 공립법은 전란에 설탕을 넣어 37~43℃로 데운 후 거품을 내는 방법으로 고율 배합 제품에 사용되며, 기포성이 양호하고 설탕 용해도가 좋다.

50 프렌치 머랭(French Meringue) 제조 시 달걀흰자를 경화시키기 위해 넣는 재료로 알맞은 것은?

① 물
② 유화제
③ 젤라틴
④ 주석산

해설

프렌치 머랭(French Meringue)은 가장 기본이 되는 머랭 제조법으로 달걀흰자를 거품 내다 설탕이나 슈거 파우더를 넣고 거품을 올리는 방법이다. 이때 주석산 0.5%를 넣어 거품을 올리면 단단하고 조밀한 머랭이 만들어진다.

51 마카롱 제조 시 마카로나주(Macaronage)를 하는 목적으로 옳은 것은?

① 껍질을 형성하기 위해 건조시키기 위함이다.
② 마카롱 껍질의 발을 의미하며, 보기 좋은 마카롱을 만들기 위함이다.
③ 머랭과 가루 재료를 혼합하는 과정으로, 반죽의 되기를 맞추기 위함이다.
④ 마카롱 사이에 잼, 콤포트 등을 채워 짝을 맞추기 위함이다.

해설

마카롱 제조 시 껍질을 형성하기 위해 표면을 건조시키는 과정을 거치며, 마카롱 껍질을 코크(Coque)라고 한다. 껍질의 발을 피에(Pied)라고 하며, 마카롱 코크에 필링을 넣고 짝을 맞추는 과정을 몽타주(Montage)라고 한다. 마카로나주(Macaronage)는 마카롱 반죽을 혼합하는 것으로, 반죽의 되기를 맞추는 과정을 말한다.

52 커스터드 크림 제조에 대한 설명 중 옳지 않은 것은?

① 우유를 100℃로 팔팔 끓여 크림이 상하지 않도록 한다.
② 뜨거운 우유를 노른자에 한번에 넣으면 덩어리지거나 노른자가 익을 수 있어 주의해야 한다.
③ 완성된 크림은 냄비에서 그릇으로 옮겨야 잔열로 인한 뭉침, 갈변 현상을 막을 수 있다.
④ 다 된 커스터드 크림은 빠르게 식혀 균의 증식을 막아야 금방 상하는 것을 막을 수 있다.

해설

커스터드 크림 제조 시 우유를 완전히 끓이면 표면에 단백질 막이 생기고 끓어 넘칠 수 있다.

53 초콜릿 템퍼링(Tempering)의 목적이 아닌 것은?

① 블룸(Bloom) 현상을 방지할 수 있다.

② 광택 있는 제품을 만들기 위함이다.

③ 카카오 버터의 결정을 안정화시킬 수 있다.

④ 초콜릿 제품을 먹은 뒤 녹지 않고 오랫동안 입안에 남아 있도록 하기 위함이다.

해설

초콜릿 템퍼링(Tempering)이란 카카오 버터를 미세한 결정으로 만들어 매끈한 광택의 초콜릿을 만드는 과정이다. 템퍼링을 통해 광택이 있고 입안에서 용해성이 좋아지며, 블룸 현상을 방지할 수 있다.

54 가로 20cm, 세로 15cm, 높이 5cm인 사각 팬의 용적은?

① $750cm^3$

② $1,500cm^3$

③ $2,220cm^3$

④ $3,000cm^3$

해설

사각팬 용적 = 가로 × 세로 × 높이 = $20 \times 15 \times 5 = 1,500cm^3$

55 팬 오일로 적합하지 않은 것은?

① 비정제유

② 대두유

③ 유동파라핀

④ 땅콩기름

해설

팬 오일은 발연점이 높아야 하며, 정제되지 않은 기름은 발연점이 낮아 팬 오일로 적합하지 않다.

56 퍼프 페이스트리를 제조할 때 주의할 점으로 적절하지 않은 것은?

① 반죽을 단기간 보관할 때 -20℃ 이하의 냉동고에서 보관한다.

② 굽기 전에 적정한 휴지를 시킨다.

③ 파치(Scrap Pieces)가 최소가 되도록 성형한다.

④ 충전물을 넣고 굽는 반죽은 껍질에 작은 구멍을 낸다.

해설

이스트를 사용하지 않았기 때문에 단기간 보관할 때는 0~4℃의 냉장고에서 4~7일까지 보관이 가능하며, 장기간 보관할 때는 -20℃ 이하의 냉동으로 보관하는 것이 좋다.

57 슈(Choux) 제조와 관련한 설명 중 옳지 않은 것은?

① 슈에 사용하는 달걀은 제품의 구조를 형성하는 역할을 한다.

② 슈 반죽을 제조하는 동안 전분의 호화가 일어난다.

③ 슈는 거품형 반죽법으로 제조하여 굽는 동안 팽창하면서 속이 비는 형태가 된다.

④ 슈는 표면이 갈라지고 부푼 모양이 양배추와 비슷하여 붙여진 이름이다.

해설

슈(Choux)는 반죽형 반죽법으로 제조하며, 반죽 속 수분에 의한 수증기 팽창으로 부푸는 원리로 만들어진다.

58 컨벡션 오븐(Convection Oven)의 특징으로 옳은 것은?

① 고온의 열을 강력한 팬을 이용해 강제 대류시켜 구워지는 방식이다.

② 반죽이 들어가는 입구와 제품이 나오는 출구가 서로 다르다.

③ 오븐 속 선반이 회전하며 제품이 구워지는 원리이다.

④ 열 편차가 커서 온도 조절이 어려운 것이 단점이다.

해설

컨벡션 오븐은 고온의 열을 팬(Fan)으로 강제 대류시켜 굽는 방식이며, 데크 오븐에 비해 전체적인 열 편차가 적고 조리 시간이 짧은 것이 특징이다.

59 캐러멜화 반응(Caramelization)을 일으키는 가열 온도로 적합한 것은?

① 60℃

② 90℃

③ 100℃

④ 160℃

해설

캐러멜화 반응은 당이 녹을 정도의 고온(160℃)으로 가열하면 여러 단계의 화학 반응을 거쳐 갈색으로 변하는 과정을 말한다.

60 튀김 시 기름에서 일어나는 변화를 잘못 설명한 것은?

① 기름은 비열이 낮기 때문에 온도가 쉽게 상승하고 쉽게 저하된다.

② 튀김 재료에 당, 지방 함량이 많거나 표면적이 넓을 때 흡유량이 많아진다.

③ 기름의 열용량에 비하여 재료의 열용량이 클 경우 온도의 회복이 빠르다.

④ 튀김옷으로 사용하는 밀가루는 글루텐의 양이 적은 것이 좋다.

해설

기름의 열용량에 비하여 재료의 열용량이 작을 경우 온도의 회복이 빠르다.

제과산업기사
최종모의고사

제 **3** 회

01 위생모 착용에 관한 설명으로 옳지 않은 것은?

① 식품 취급자는 작업 시에 위생모 착용을 의무화한다.

② 식품 취급장을 벗어나도 위생모를 벗어서는 안 된다.

③ 일회용 종이 재질의 머리 망은 사용 후 폐기한다.

④ 보석류나 금붙이가 달린 것은 절대로 사용해서는 안 된다.

해설

식품 취급장에서는 항상 위생모를 착용하고 있어야 하나, 식품 취급장을 벗어나서는 위생모를 벗어도 상관없다.

02 도(Dough) 컨디셔너의 사용 목적으로 옳은 것은?

① 반죽의 냉동, 냉장, 해동, 2차 발효 상태를 자동으로 조절할 수 있다.

② 1차 발효 후 반죽을 일정한 크기로 분할할 수 있다.

③ 중간 발효를 마친 반죽을 밀어 펴 모양을 낼 수 있다.

④ 분할된 반죽을 둥그렇게 말아 모양을 낼 수 있다.

해설

② 분할기, ③ 정형기, ④ 라운더에 대한 설명이다.

03 배합표에 대한 설명 중 적절하지 않은 것은?

① 배합표는 제품 생산에 필요한 각 재료, 비율, 중량을 작성한 표이다.

② 트루 퍼센트(True Percent)로 계산한 배합표는 원가 관리에 용이하다.

③ 트루 퍼센트(True Percent)는 제품 생산에 필요한 밀가루를 100%로 기준한다.

④ 베이커스 퍼센트(Baker's Percent)는 생산 수량을 변경하는 데 용이하다.

해설

③ 베이커스 퍼센트(Baker's Percent)에 해당하는 설명이다.

04 종사자의 개인 위생관리 중 위생복 착용 및 관리에 대한 내용으로 옳지 않은 것은?

① 위생복의 상의와 하의는 더러움을 쉽게 확인할 수 있도록 흰색이나 옅은 색상이 좋다.

② 도난을 방지하기 위하여 몸에 부착된 시계, 반지, 팔찌 등의 장신구는 착용하도록 한다.

③ 작업장 입구에 설치된 에어 샤워룸에서 위생복에 묻은 이물을 최종적으로 제거한다.

④ 작업이 끝나면 위생복과 외출복은 구분된 옷장에 보관해 교차오염을 방지한다.

해설

종사자는 개인 위생관리를 위해 개인용 장신구 등을 착용해서는 안 된다.

05 장염 비브리오균 예방을 위한 방법으로 적절한 것은?

① 가금류 생식 시 신선한 것을 선택한다.

② 달걀 껍질을 깨끗하게 씻어서 보관한다.

③ 어패류 조리 시 60℃에서 5분 이상 가열한 뒤 섭취한다.

④ 교차오염을 방지하기 위해 돈육 취급 시 조리기구를 세척한 후 사용한다.

해설

장염 비브리오균은 게, 조개, 굴, 새우 등 갑각류가 원인 식품이 되므로, 어패류 취급 시 60℃에서 5분 이상 가열하여 섭취한다.

06 세균성 식중독과 경구감염병을 비교한 내용 중 적절하지 않은 것은?

	세균성 식중독	경구감염병
①	많은 균량으로 발병	균량이 적어도 발병
②	2차 감염이 빈번함	2차 감염이 없음
③	면역이 안 됨	면역이 됨
④	비교적 짧은 잠복기	비교적 긴 잠복기

해설

세균성 식중독은 2차 감염이 거의 없지만, 경구감염병은 2차 감염이 일어난다.

07 식중독 사고 '심각(Red) 단계'에서 해야 할 조치로 적절한 것은?

① 의심 식재료를 회수 후 즉각 폐기한다.
② 식중독 '주의' 경보를 발령한다.
③ 식중독 예방수칙 교육을 실시한다.
④ 환자 발생 여부를 모니터링하며 천천히 경과를 지켜본다.

해설

식중독 사고 '심각(Red) 단계'는 식품 테러, 천재지변 등으로 대규모 환자 또는 사망자가 발생한 경우로, 대국민 식중독 '심각' 경보를 발령하고 의심 식재료를 회수 후 폐기해야 한다. 또한 관계 기관은 위기 대응을 통해 긴급 구호물자를 공급하는 등의 조치를 취해야 한다.

08 작업장 위생안전관리 중 방충·방서 관리 방법으로 가장 적절한 것은?

① 작업장 온도를 일정 수준으로 유지한다.
② 환기시설로 오염원을 배출시킨다.
③ 작업장 내부에 트랩을 설치한다.
④ 바닥 모서리에 구배를 준다.

해설

작업장은 파리, 나방, 바퀴벌레, 쥐 등이 들어오지 않도록 벽, 바닥, 창문, 출입문 등에 틈새가 없게 해야 하며, 방충망을 설치하거나 트랩을 설치하여 관리해야 한다.

09 미생물의 생육 조건으로 적절하지 않은 것은?

① 수분
② 온도
③ 효소
④ 수소이온농도

해설

미생물의 생육은 영양소, 수분, 온도, 수소이온농도(pH), 산소에 영향을 받는다.

10 미생물의 종류 중 세균에 대한 설명으로 옳지 않은 것은?

① 세균은 pH 2.0 정도의 산성인 조건에서 생육이 활발하다.
② 세균은 구균, 간균, 나선균의 형태로 나누며 이분법으로 증식한다.
③ 편성 호기성 세균은 반드시 산소가 있어야 발육이 가능하다.
④ 세균은 수분활성도(Aw) 0.9에서 생육이 가능한 특징을 가진다.

해설

세균은 pH 6.5~7.5의 중성 또는 약알칼리성에서 잘 발육한다.

11 기기에 사용하는 세척제 및 소독제에 대한 설명으로 옳지 않은 것은?

① 세척제 사용 시 세제의 용도를 숙지한다.
② 세척제는 효율성과 안전성을 고려하여 구입한다.
③ 임의로 세척제를 섞어 사용하지 않는다.
④ 소독제는 미리 만들어 두어 필요할 때 즉시 사용할 수 있도록 한다.

해설

세척제는 용도, 효율성, 안전성, 사용 방법을 숙지하여 사용하며 임의대로 섞어서 사용하지 않는다. 소독제는 미리 만들어 두면 효과가 떨어지므로 하루에 한 차례 이상 제조하여 사용한다.

12 자외선 소독 시 주의할 점으로 올바른 것은?

① 소독기 내 기구들이 겹쳐지지 않도록 한다.
② 기구의 변형이 일어날 수 있으므로 5분만 소독한다.
③ 100℃의 온도의 끓는 물을 이용하여 소독한다.
④ 입에 닿는 컵의 면을 바닥으로 가게 한 뒤 소독한다.

해설

자외선 소독은 기구를 2,537Å에서 30~60분간 조사하는 방법으로 소독하는 기구의 내·외부에 이물질이 없어야 하며, 닿는 면만 소독 효과가 있으므로 소독기 내 기구들이 겹침 없이 관리되어야 한다.

13 식품위생법에서 정의하는 집단급식소란 무엇인가?

① 영리를 목적으로 하며 불특정 다수인에게 계속하여 음식물을 공급하는 시설이다.
② 영리를 목적으로 하지 아니하면서 불특정 다수인에게 음식물을 공급하는 시설이다.
③ 영리를 목적으로 하며 특정 다수인에게 계속하여 음식물을 공급하는 시설이다.
④ 영리를 목적으로 하지 아니하면서 특정 다수인에게 계속하여 음식물을 공급하는 시설이다.

해설

집단급식소란 영리를 목적으로 하지 아니하면서 특정 다수인에게 계속하여 음식물을 공급하는 급식시설로서 대통령령으로 정하는 시설을 말한다(식품위생법 제2조제12호).

14 식품위생법에서 병든 동물 고기 등의 판매 등 금지를 정하는 자는?

① 총리 ② 대통령
③ 식품의약품안전처장 ④ 시장·군수·구청장

해설

병든 동물 고기 등의 판매 등 금지(식품위생법 제5조)
누구든지 총리령으로 정하는 질병에 걸렸거나 걸렸을 염려가 있는 동물이나 그 질병에 걸려 죽은 동물의 고기·뼈·젖·장기 또는 혈액을 식품으로 판매하거나 판매할 목적으로 채취·수입·가공·사용·조리·저장·소분 또는 운반하거나 진열하여서는 아니 된다.

15 HACCP에서 정의하는 위해요소로 가장 적절한 것은?

① 인체의 건강을 해할 우려가 있는 미생물학적, 물리적 인자
② 인체의 건강을 해할 우려가 있는 화학적, 환경적 인자
③ 인체의 건강을 해할 우려가 있는 생물학적, 화학적 또는 물리적 인자
④ 인체에 건강을 해할 우려가 있는 생물학적, 환경적 또는 물리적 인자

해설
위해요소(Hazard) : 인체의 건강을 해할 우려가 있는 생물학적, 화학적 또는 물리적 인자

16 다음 중 감미료의 종류가 아닌 것은?

① 사카린나트륨
② D-소비톨
③ 아스파탐
④ 과황산암모늄

해설
과황산암모늄은 밀가루 개량제의 종류이다.

17 식품첨가물 중 응고제의 용도에 대해 알맞게 설명한 것은?

① 식품에 색소를 부여하거나 복원하는 데 사용하는 첨가물
② 과일이나 채소의 조직을 견고하게 유지시키고 겔화제와 상호작용하여 겔을 형성하는 첨가물
③ 지방의 산패, 산화로 인한 식품 품질 저하를 방지하기 위해 사용하는 첨가물
④ 식품의 산도를 높이거나 알칼리도를 조절하는 첨가물

해설
• 착색제 : 식품에 색소를 부여하거나 복원하는 데 사용하는 첨가물
• 산화방지제 : 지방의 산패, 산화로 인한 식품 품질 저하를 방지하기 위해 사용하는 첨가물
• 산도조절제 : 식품의 산도를 높이거나 알칼리도를 조절하는 첨가물

15 ③ 16 ④ 17 ② 정답

18 HACCP의 절차 중 '제품 설명서 작성' 단계에 대한 설명으로 옳은 것은?

① 원료의 입고에서부터 완제품 출하까지의 모든 공정 단계를 도식화한다.

② 제품명, 제품 유형, 완제품 규격, 보관 및 유통 방법 등에 대한 사항을 작성한다.

③ HACCP 시스템이 적절하게 계획대로 실행되는지를 검증하고 확인한다.

④ HACCP 체계를 문서화하는 효율적인 기록 유지 방법을 설정한다.

(해설)
① 공정 흐름도 작성, ③ 검증 절차 및 방법 수립, ④ 문서화 및 기록 유지 단계에 대한 설명이다.

19 품질 관리에 대한 설명 중 옳지 않은 것은?

① 소비자에게 제공하는 제품이나 서비스의 질을 높이기 위한 제반 활동이다.

② 품질 관리는 원료 관리만을 중점적으로 하는 활동을 말한다.

③ 품질 관리는 현장 경험이 풍부한 경험자가 관리할 수 있도록 한다.

④ 품질 관리를 위해 제품의 적합성 및 효과성의 지속적인 개선에 필요한 프로세스를 계획하고 실행해야 한다.

(해설)
품질 관리는 원료 관리, 공정 관리, 상품 관리의 세 가지 단계를 중점적으로 관리하는 활동이다.

20 품질 관리를 위한 원인 분석 중 작업자 문제가 발생했을 때의 조치로 적절한 것은?

① 제 역할을 충실히 수행하도록 작업자를 대상으로 정기적인 교육과 평가를 실시하여 문제를 개선한다.

② 작업자를 대체할 수 있는 기기의 자동화, 표준화 기준을 마련한다.

③ 작업자를 감시하여 공정 또는 배합 중 실수가 나오지 않도록 관리·감독한다.

④ 작업자의 근무 시간을 늘려 작업 공정을 충분히 숙지할 수 있도록 한다.

(해설)
제품을 생산하는 작업자의 부족한 숙련도나 부주의로 문제가 발생했을 때 제 역할을 충실히 수행할 수 있도록 정기적인 교육과 평가를 실시한다.

21 수요 예측 방법 중 인과형 분석법에 대한 설명으로 적절한 것은?

① 시간 변화에 따른 과거의 축적된 자료를 일정한 시계열에 추세, 계절 등에 따라 예측하는 것이다.

② 전문가 집단의 자유로운 토론을 통하여 수요 예측에 대한 결론을 도출하는 방법이다.

③ 전문가들이 내린 다양한 분석 결과를 회의 또는 설문을 통하여 합의점을 도출하는 방법이다.

④ 예측에 대한 변수와 원인과 결과에 따른 변수를 이용해 수요를 예측하는 방법이다.

해설

인과형 분석법은 수요 예측의 정량적 방법 중 하나로 예측에 대한 변수와 인과관계에 따른 변수를 이용해 수요를 예측하는 방법이다.

22 빵류 제품 제조 시 연수를 사용했을 때의 조치 방법으로 적절한 것은?

① 이스트의 사용량을 감소시킨다.

② 이스트의 사용량을 증가시킨다.

③ 이스트푸드의 양을 감소시킨다.

④ 빵류 제품 제조 시 연수를 사용하는 것이 가장 적절하다.

해설

연수(0~60ppm)는 단물이라고도 하며, 제빵에 사용 시 글루텐을 연화시켜 반죽을 연하고 끈적거리게 한다. 연수 사용 시 이스트 사용량을 감소시키고, 이스트푸드와 소금 사용량을 증가시킨다.

23 탄수화물을 구성하는 원소로 적절하지 않은 것은?

① 탄소(C)   ② 수소(H)

③ 수소(O)   ④ 질소(N)

해설

탄수화물은 탄소(C), 수소(H), 산소(O)의 3원소로 구성된 유기화합물이다.

24 버터에 대한 설명으로 적절하지 않은 것은?

① 수분을 14~17% 정도 함유하고 있다.
② 우유의 지방을 원심 분리해 응고시킨 것이다.
③ 풍미가 좋고 융점이 높아 튀김에 적합하다.
④ 제과류 제품 반죽에 사용했을 때 윤활성을 준다.

해설

튀김유로는 융점이 높은 것이 좋은데, 버터는 융점이 낮아 튀김유로 적합하지 않다.

25 전분에 대한 설명으로 옳지 않은 것은?

① 전분은 무색, 무취의 분말이다.
② 전분의 호화는 pH가 낮을수록 빠르게 일어난다.
③ 아밀로스는 호화 속도가 빠르다.
④ 전분은 아밀로스와 아밀로펙틴 두 가지 형태가 있다.

해설

전분은 무색, 무취의 분말로 아밀로스와 아밀로펙틴의 두 가지 형태가 있다. 전분의 호화는 pH가 높을수록, 온도가 높을수록, 전분 입자의 크기가 클수록, 수분 함량이 높을수록 빠르게 일어나는 특징이 있다.

26 유지류에 대해 잘못 설명한 것은?

① 지방이 주성분인 식품이다.
② 중량에 비해 칼로리가 높다.
③ 튀김 기름은 발연점이 높은 것이 좋다.
④ 포화 지방산은 불포화 지방산에 비해 융점이 낮다.

해설

포화 지방산은 융점이 높아 상온에서 고체 상태이다.

27 단백질의 성질 및 기능이 아닌 것은?

① 단백질의 구성 단위는 아미노산이다.
② 단백질을 1g당 4kcal의 에너지를 발생시킨다.
③ 지용성 비타민의 흡수 및 운반을 돕는다.
④ 삼투압을 유지시켜 체내 수분 균형을 조절한다.

해설
③은 지방의 기능 중 하나이다.

28 무기질로만 짝지어진 것은?

① 지방산, 염소, 비타민 B_2
② 아미노산, 지방, 비타민 B_1
③ 칼슘, 인, 철
④ 지방, 나트륨, 비타민 A

해설
주요 무기질에는 나트륨(Na), 칼륨(K), 염소(Cl), 칼슘(Ca), 마그네슘(Mg), 인(P), 철(Fe) 등이 있다.

29 설비관리의 필요성으로 옳지 않은 것은?

① 설비 오작동으로 인한 고장을 미연에 방지한다.
② 최신식 기기를 사용해 작업의 능률을 높여야 한다.
③ 설비 고장으로 인한 추가 경비의 발생을 막는다.
④ 적절한 설비를 사전에 구매해 생산에 차질이 없도록 해야 한다.

해설
설비관리의 필요성
설비의 오작동이나 고장으로 인해 생산에 차질이 생길 경우 이로 인한 재료비와 인건비, 경비가 추가로 발생하게 되므로 적절한 설비의 사전 구매 관리와 재고 자산의 유지 보수는 베이커리 경영 목표를 달성하는 데 중요하다.

30 설비 구매 계획 단계에서 실행하지 않아도 되는 조건은?

① 구매 요구서를 토대로 구매 계획서를 작성한다.
② 구매 절차의 흐름도에 따라 적정 설비를 선정한다.
③ 설비 구매 타당성을 분석하여 성능, 효과 등을 확인한다.
④ 시험 운전을 통해 품질을 확인하고 자산 이력카드를 작성한다.

> **해설**
> ④는 설비의 구매 후 입고가 완료된 후 할 수 있는 절차이다.

31 인적 자원 배치를 위한 원칙으로 적절하지 않은 것은?

① 직원의 능력과 성격을 고려해 최적의 직무에 배치해야 한다.
② 발휘된 능력을 공정하게 평가하여 적절한 보상을 해야 한다.
③ 구성원의 능력과는 별개로 경력에 따라 대우하고 직무에 배치해야 한다.
④ 직원의 자율성을 존중하여 능력을 인정해야 한다.

> **해설**
> 인적 자원 배치의 원칙
> • 적재적소 주의 : 직원의 능력과 성격 등을 고려하여 최적의 직무에 배치해야 한다.
> • 능력주의 : 발휘된 능력을 공정하게 평가하고, 평가된 능력과 업적에 대해 적절한 보상을 해야 한다.
> • 인재 육성주의 : 직원의 자주성과 자율성을 존중하여 개인의 창조적 능력을 인정해야 한다.
> • 균형주의 : 모든 구성원에 대해 평등하게 배치한다.

32 마케팅을 세우기 위한 시장 세분화 전략으로 가장 옳은 것은?

① 정확한 표적 시장을 설정하여 이에 맞게 마케팅 활동을 개발한다.
② 경쟁 회사와 제품을 차별화하는 전략을 의미한다.
③ 기업의 성과 수준을 분석하여 제품 판매 계획을 세우는 활동이다.
④ 기업의 경영 목표를 세우고 실천하기 위한 과정이다.

> **해설**
> 시장 세분화는 고객의 특성이나 욕구, 구매력, 지리적 위치, 태도, 습관 등 어떤 기준에 따라 고객을 나누는 것을 말하며, 정확한 표적 시장을 설정하여 이에 맞게 마케팅 활동을 개발해야 한다.

33 마케팅 믹스의 4P가 아닌 것은?

① 가격(Price)
② 상품(Product)
③ 촉진(Promotion)
④ 물리적 근거(Physical Evidence)

해설

마케팅 믹스(4P) : 가격(Price), 상품(Product), 유통(Place), 촉진(Promotion)
※ 마케팅 믹스(7P) : 가격(Price), 상품(Product), 유통(Place), 촉진(Promotion), 과정(Process), 물리적 근거(Physical Evidence), 사람(People)

34 원가 관리에 대한 설명으로 적절하지 않은 것은?

① 직접 노무비는 생산 활동에 직접 투입되는 임금을 의미한다.
② 제조 원가는 직접 재료비, 직접 노무비, 직접 경비에 제조 간접비가 포함된 것이다.
③ 총원가는 제조 원가에 판매비, 일반 관리비까지 모두 포함된 것이다.
④ 고정비는 생산량에 관계없이 일정하게 드는 비용으로 재료비, 감가상각비, 임대료 등이 있다.

해설

고정비는 생산량에 관계없이 일정하게 드는 비용으로 감가상각비, 임대료 등이 있다. 재료비는 생산량이 늘면 늘고, 줄면 줄어드는 변동비에 해당된다.

35 고객 관계 관리(CRM)의 목적으로 옳은 것은?

① 신규 고객 확보나 우수 고객 유치 등 개별 고객에 맞는 맞춤화 전략으로 차별화하기 위한 전략이다.
② 제품을 중심의 자원으로 극대화하여 마케팅 활동을 계획하는 과정이다.
③ 제품의 품종을 정리하고 계획 생산하며, 계획대로 이루어지도록 통제하는 과정이다.
④ 제품 생산량에 따라 재화를 생산, 분배, 관리하는 제반 활동을 의미한다.

해설

고객 관계 관리(CRM)란 기업이 고객과 관련된 내부, 외부적인 자료를 바탕으로 분석, 통합하여 고객 중심의 자원을 극대화하여 영업 활동, 마케팅 활동을 계획하고 지휘, 조정, 지원, 평가하는 과정을 의미한다. 이를 통해 신규 고객을 확보하거나 우수 고객을 유치하는 등 경쟁 기업으로의 이탈을 방지한다.

36 생산 관리를 통해 얻을 수 있는 이점이 아닌 것은?

① 품질 보증 기능
② 우수 거래처 확보 기능
③ 원가 조절 기능
④ 적시 적량의 생산 기능

> **해설**
>
> 생산 관리
> • 사람(Man), 재료(Material), 자금(Money)의 3요소를 적절하게 사용하여 좋은 물건을 저렴한 비용으로, 필요한 양을 필요한 시기에 만들어 내기 위한 관리 또는 경영이다.
> • 생산 관리의 기능 : 품질 보증 기능, 적시 적량 기능, 원가 조절 기능

37 노무비를 절감하여 원가를 줄일 수 있는 방법으로 옳지 않은 것은?

① 작업자의 태도를 수시로 점검한다.
② 작업 배분, 공정 간 효율적 연계를 통해 작업 능률을 높인다.
③ 기계화, 자동화 등의 제조 방법을 개선한다.
④ 제조 방법 표준화를 통해 각 공정별 작업 시수와 작업 인원을 결정한다.

> **해설**
>
> ①은 작업 관리를 통한 불량률을 개선하는 목적으로 활용한다.

38 물품의 재고를 유지하는 데 소요되는 비용으로 옳지 않은 것은?

① 세금
② 보험료
③ 보관비
④ 폐기 비용

> **해설**
>
> 재고 유지 비용(Hold Cost)이란 보관비, 세금, 보험료 등 재고 보유 과정에서 발생하는 비용을 의미한다.

39 마케팅을 위한 환경 분석 중 내부 환경 분석과 관련되지 않은 것은?

① 자사의 제품이 시장에서 가지게 될 강점과 약점을 파악해 본다.

② 자사의 서비스를 고객에게 제공했을 때 생길 수 있는 제약 조건을 파악해 본다.

③ 자사의 제품 생산 계획을 수립하기 전 세계 경제 시장의 동향을 파악해 본다.

④ 자사의 재무 구조를 파악하고, 마케팅에 필요한 예산을 파악해 본다.

해설

마케팅을 위한 환경 분석

외부 환경 분석	내부 환경 분석
• 인구 통계적 환경 • 경제적 환경 • 자연적 환경 • 기술적 환경 • 정치적 · 법률적 환경 • 사회문화적 환경 • 경쟁사 환경	• 회사의 성과 수준 • 강점과 약점 • 제약 조건 분석 • 제품, 인적 자원, 시설 및 장비 관련

40 손익분기점에 대한 설명이 옳지 않은 것은?

① 손익분기점은 고정비를 분석하여 계산한다.

② 매출액이 손익분기점 이하로 떨어지면 손해가 생길 수 있다.

③ 매출액이 손익분기점을 넘어서면 이익이 발생한다.

④ 어떠한 기간의 매출액이 총비용과 일치하는 지점을 말한다.

해설

손익분기점은 고정비와 변동비, 판매량, 단위당 판매가격을 분석하여 계산한다.

41 과자류 제품 제조 시 설탕의 역할로 적절하지 않은 것은?

① 밀가루 단백질을 연화시킨다.

② 단맛과 껍질 색을 형성시킨다.

③ 쿠키의 퍼짐성을 조절한다.

④ 균의 번식을 억제하고 효소를 활성화시킨다.

[해설]

설탕의 기능
• 밀가루 단백질 연화 및 부드러운 조직 형성
• 단맛과 독특한 향 부여 및 껍질 색 형성
• 수분 보유력을 가지고 있어 노화 지연 및 신선도 유지
• 쿠키의 퍼짐성 조절

42 유지의 특징을 바르게 설명한 것은?

① 가소성 – 고체에 힘을 가했을 때 모양의 변화와 유지가 가능한 성질

② 쇼트닝성 – 반죽에 분산해 있는 유지가 거품의 형태로 공기를 포집하고 있는 성질

③ 구용성 – 달걀, 설탕, 밀가루 등을 잘 섞이게 하는 성질

④ 유화성 – 입안에서 부드럽게 녹는 성질

[해설]

유지의 특징
• 가소성 : 반고체인 유지의 특징으로 고체에 힘을 가했을 때 모양의 변화와 유지가 가능한 성질로, 사용 온도 범위, 즉 가소성 범위가 넓은 것이 좋다.
• 크림성 : 반죽에 분산해 있는 유지가 거품의 형태로 공기를 포집하고 있는 성질로, 휘핑할 때 공기를 혼입하여 부피를 증대시키고 볼륨을 유지시킨다.
• 쇼트닝성 : 반죽의 조직에 층상으로 분포하여 윤활 작용을 하는 유지의 특징이다. 조직층 간의 결합을 저해함으로써 반죽을 바삭하고 부서지기 쉽게 하는 특징이 있다.
• 유화성 : 달걀, 설탕, 밀가루 등을 잘 섞이게 하는 성질이다.
• 구용성 : 입안에서 부드럽게 녹는 성질이다.

43 재료의 전처리 방법 중 옳지 않은 것은?

① 가루는 고운체를 이용하여 공기 혼입이 잘 되도록 체질한다.

② 건조 과일은 용도에 따라 자르거나 술에 담가 놓은 후 사용한다.

③ 건포도의 경우 60℃ 이상의 물에 담가 불려서 사용한다.

④ 견과류의 경우 제품의 용도에 따라 굽거나 볶아서 사용한다.

> **해설**
>
> 건포도의 경우 건포도의 12%에 해당하는 만큼 27℃의 물을 첨가하여 4시간 후 사용하거나, 건포도가 잠길 만큼 물을 넣고 10분 이상 두었다가 가볍게 배수 후 사용한다.

44 반죽형 반죽의 특징으로 옳은 것은?

① 밀가루, 달걀, 유지, 설탕 등을 구성 재료로 하고, 화학적 팽창제로 부피를 형성하는 반죽법이다.

② 달걀 단백질을 휘핑하며 공기를 반죽 내에 끌어들여 부피가 커지게 하는 반죽법이다.

③ 유지 사용량이 적어 완제품의 기공이 크고 가벼운 것이 특징이다.

④ 일반적으로 반죽의 비중이 낮아 비중을 높이기 위해 팽창제의 사용량이 많다.

> **해설**
>
> 반죽형 반죽법
> • 밀가루, 달걀, 유지, 설탕 등을 구성 재료로 하고, 화학적 팽창제로 부피를 형성한다.
> • 많은 양의 유지를 함유한 제품으로 반죽의 온도가 중요하다.

45 설탕물법(Sugar/Water Method)으로 제조한 완제품의 특징으로 적절한 것은?

① 표면이 거칠고 녹지 않은 설탕의 반점이 나타난다.

② 액당을 사용하여 고운 속결과 균일한 껍질 색을 만들 수 있다.

③ 기공이 조밀하고 단단한 조직감을 갖게 된다.

④ 글루텐의 결합을 단단하게 하여 질긴 식감을 갖게 한다.

> **해설**
>
> 설탕물법(Sugar/Water Method)이란 설탕과 물의 시럽을 사용하여 반죽하는 방법으로 공기 혼입이 양호하여 균일한 기공과 고운 속결을 만들 수 있다.

43 ③ 44 ① 45 ② **정답**

46 이탤리언 머랭(Italian Meringue)을 제조하는 방법으로 옳은 것은?

① 차가운 상태의 달걀흰자에 설탕을 넣고 거품을 올리는 방법이다.

② 거품을 낸 달걀흰자에 115℃로 끓인 설탕 시럽을 넣어가며 단단하게 거품을 올린다.

③ 달걀흰자에 설탕을 넣고 43℃로 중탕시켜 거품을 올리는 방법이다.

④ 거품을 낸 달걀흰자에 차갑게 식힌 설탕 시럽을 넣고 거품을 올리는 방법이다.

> **해설**
>
> 이탤리언 머랭(Italian Meringue)은 거품을 낸 달걀흰자에 115~118℃로 끓인 설탕 시럽을 넣어가며 단단하게 거품을 올린다. 크림이나 무스와 같이 열을 가하지 않는 제품에 사용한다.

47 퍼프 페이스트리를 적절하게 휴지하지 못했을 때의 결과로 옳은 것은?

① 휴지 과정을 거치지 않음 – 유지가 딱딱해 반죽을 밀어펼 때 반죽층이 찢어진다.

② 휴지 과정을 거치지 않음 – 반죽 사이로 유지가 새어 나와 결을 만들지 못한다.

③ 휴지가 지나침 – 유지가 너무 물러 반죽층이 찢어질 수 있다.

④ 휴지가 지나침 – 반죽 사이로 유지가 새어 나와 결을 만들지 못한다.

> **해설**
>
> 휴지 과정을 거치지 않아 충전용 유지가 너무 무르면 반죽층 사이로 유지가 새어 나와 결을 만들지 못한다. 또한 휴지가 너무 지나치면 딱딱한 유지 덩어리로 인해 반죽을 밀어 펼 때 반죽층이 찢어져 연속적인 층을 파괴해 균일한 두께의 페이스트리를 만들 수 없다.

48 쇼트브레드 쿠키(Shortbread Cookies)에 대한 설명으로 적절하지 않은 것은?

① 수분 함량이 많은 거품형 쿠키에 속한다.

② 반죽을 밀어 펴는 형태의 쿠키이다.

③ 버터와 쇼트닝과 같은 유지가 많이 들어간다.

④ 유지가 글루텐 결합을 막아 짧은 결이 형성된다.

> **해설**
>
> 쇼트브레드 쿠키(Shortbread Cookies)는 반죽에 들어가는 유지(버터, 쇼트닝 등)의 비율이 높고, 반죽을 밀어 펴서 정형기로 찍어 성형하는 쿠키이다. 유지 사용량이 많아 바삭하고 부드러운 것이 특징이며, 글루텐의 결합을 막아 짧은 결이 형성된다.

49 완제품에 광택이 없고 팽창하지 않은 퍼프 페이스트리의 원인으로 옳은 것은?

① 덧가루를 과도하게 사용하였다.

② 반죽의 휴지가 충분하지 않았다.

③ 작업장의 온도가 18℃보다 높았다.

④ 반죽의 밀어 펴기-접기가 충분하지 않았다.

> **해설**
>
> 퍼프 페이스트리 제조 시 주의할 점
>
> | | |
> |---|---|
> | 온도 관리 | 반죽의 접기 작업 전 냉장고에 넣어 휴지를 하며, 작업실이 18℃보다 높으면 밀어 펴기가 잘 되지 않고, 작업성이 떨어진다. |
> | 과도한 덧가루 금지 | 사용한 덧가루는 붓으로 털어내지 않으면 제품에 밀가루가 많이 묻어 광택이 없고, 팽창력도 떨어져 제품의 품질이 떨어진다. |
> | 90°씩 방향을 바꾸어 밀기 | 반죽이 밀린 방향으로 수축하기 때문에, 90°씩 방향을 바꾸어 밀어 편다. |
> | 반죽이 마르지 않도록 하기 | 반죽의 표면이 마르면 갈라져 밀어 펴기 어려워지기 때문에 휴지 시간에 비닐을 덮어야 한다. |

50 볶은 카카오 열매의 외피와 배아를 제거한 후 배유를 균일하고 곱게 분쇄한 것은?

① 카카오 배유

② 카카오 니브

③ 카카오 매스

④ 카카오 버터

> **해설**
>
> ① 카카오 배유 : 카카오 콩을 볶아 껍질과 배아를 제거한 것
> ② 카카오 니브 : 카카오 배유를 거칠게 분쇄한 것
> ④ 카카오 버터 : 카카오 열매, 카카오 배유, 카카오 매스에서 얻은 유지

51 카카오 매스 제조의 2차 공정에서 하지 않는 작업은?

① 카카오 열매 건조

② 미숙하거나 발효되지 않은 콩의 선별

③ 카카오 열매 로스팅

④ 파쇄 및 분별

> **해설**
>
> 건조는 1차 가공의 과정으로, 카카오 열매를 건조하여 수분 함량을 6~8%로 낮추는 과정이다.

52 초콜릿 제조 시 정련(Conching)의 과정을 거치면 얻는 결과로 적절하지 않은 것은?

① 수분이 제거된다.

② 휘발성 산이나 탄닌이 제거된다.

③ 광택이 좋아지며 풍미가 개선된다.

④ 안전한 결정의 코코아 버터만 남게 된다.

해설

④는 템퍼링(Tempering) 작업을 통해 얻게 되는 결과이다.

53 초콜릿을 템퍼링(Tempering)한 효과에 대한 설명 중 틀린 것은?

① 입안에서의 용해성이 좋지 않다.

② 안정한 결정이 많고, 결정형이 일정하다.

③ 광택이 좋고 내부 조직이 조밀하다.

④ 팻 블룸(Fat Bloom)이 일어나지 않는다.

해설

초콜릿 템퍼링의 효과

• 팻 블룸(Fat Bloom) 방지
• 광택이 좋고 내부 조직이 치밀해짐
• 안정한 결정이 많으며, 결정형이 일정함
• 입안에서의 용해성이 좋아짐

54 케이크 시트 제조 시 각 재료가 하는 역할로 알맞은 것은?

① 소금 – 단백질 연화 작용을 한다.

② 당류 – 제품의 구조를 형성한다.

③ 달걀 – 케이크의 부피를 팽창시킨다.

④ 밀가루 – 캐러멜화 작용으로 껍질 색을 내게 한다.

해설

케이크 시트 제조 시 재료의 역할

• 밀가루 : 제품의 구조를 형성한다.
• 소금 : 단백질을 강화시키며 잡균의 번식을 방지한다.
• 달걀 : 제품의 구조를 형성하며 팽창제 역할을 한다.
• 당류 : 단맛을 내고, 캐러멜화 작용으로 껍질 색을 낸다.

55 제품의 저장관리 원칙에 대한 설명 중 적절하지 않은 것은?

① 재료의 저장 위치를 손쉽게 알아볼 수 있어야 한다.

② 재료의 순환을 위해 먼저 구입하거나 먼저 생산한 것부터 사용한다.

③ 재료의 적정 온도, 습도 등의 특성을 고려하여 좋은 품질이 유지되도록 한다.

④ 재료의 신속한 조달을 위해 전 직원이 접근 가능한 곳에 저장관리를 한다.

해설

저장 물품의 부적절한 유출을 방지하기 위해 저장고의 방법 관리와 출입 시간 및 절차를 명확히 준수해야 한다.

56 무스케이크에 대한 설명으로 옳지 않은 것은?

① 무스는 프랑스어로 '거품'을 뜻한다.

② 생크림이나 흰자를 거품 내어 만든다.

③ 무스케이크에 젤라틴을 넣어 굳힌다.

④ 과자류 제품의 최종 장식물로 많이 이용된다.

해설

무스케이크
- 냉과류의 대표적인 과자로 프랑스어로 '거품'을 뜻한다.
- 퓌레처럼 부드럽게 만든 재료에 생크림 또는 흰자 거품을 내어 만든다.
- 젤라틴을 넣어 굳혀 만든다.

57 과자류 제품을 냉각시키는 목적으로 적절하지 않은 것은?

① 곰팡이나 기타 균의 피해를 방지하기 위함이다.

② 완성된 제품을 알맞은 모양으로 절단하기 위함이다.

③ 수분을 방출시켜 포장에 용이하도록 하기 위함이다.

④ 노화를 빠르게 진행시켜 제품의 소비기한을 연장시키기 위함이다.

해설

냉각 : 오븐에서 바로 꺼낸 과자류 제품을 상온에 방치하면 온도가 점점 내려가 35~40℃ 정도의 온도가 된 것을 말한다. 냉각 과정을 거치면 곰팡이 및 기타 균의 피해를 방지하고 절단 및 포장에 용이해진다.

58 롤케이크 제조 시 표피가 벗겨진 원인으로 적절한 것은?

① 시트를 너무 느슨하게 말았다.

② 시트를 너무 힘주어 말았다.

③ 시트가 너무 뜨거울 때 말기 작업을 했다.

④ 시트 안에 크림 충전물을 너무 많이 넣었다.

해설

롤케이크 말기 작업 시 시트가 너무 뜨거울 때 말면 껍질에 수분이 남아 있어 표피가 벗겨지기 쉽다.

59 과자류 제품 튀김 시 흡유량에 영향을 주는 조건을 바르게 설명한 것은?

① 두꺼운 금속 용기를 사용하여 튀김을 할 경우 흡유량이 더 많아진다.

② 박력분을 사용하여 튀김을 할 경우 강력분을 사용했을 때보다 흡유량이 더 많다.

③ 튀기는 재료의 표면적이 넓어질수록 흡유량은 적어진다.

④ 여러 번 재사용한 튀김 기름을 사용했을 때 흡유량은 적어진다.

해설

튀김 시 기름 흡수에 영향을 주는 조건

기름의 온도와 가열 시간	튀김 시간이 길어질수록 흡유량이 많아짐
식품 재료의 표면적	튀기는 식품의 표면적이 클수록 흡유량이 증가
재료의 성분과 성질	• 당, 지방의 함량, 레시틴의 함량, 수분 함량이 많을 때 기름 흡수가 증가 • 달걀노른자의 레시틴은 흡유량을 증가시킴 • 박력분을 사용할 경우 강력분을 사용하는 경우보다 흡유량이 더 많음

60 과자류 제품 포장의 기능으로 가장 적절하지 않은 것은?

① 손상되기 쉬운 내용물을 보호할 수 있다.

② 상품에 관련된 정보를 전달하는 역할을 한다.

③ 소비자가 먹기 편하도록 사용의 편의성을 제공한다.

④ 제품을 차별화하여 판매자의 이익을 최대로 실현할 수 있다.

해설

포장의 기능
- 내용물 보호 기능
- 취급의 편의
- 판매의 촉진
- 상품의 가치 증대와 정보 제공
- 사회적 기능과 환경친화적 기능

PART

03

부록

2022년 수시 1회 기출복원문제

제과
산업기사

필 기

초단기완성

※ 제과산업기사 시험은 CBT(컴퓨터 기반 시험)로 진행되어 수험자의 기억에 의해 문제를 복원하였습니다. 실제 시행문제와 일부 상이할 수 있음을 알려드립니다.

제 1 과목 〉 위생안전관리

01 감자 및 곡류 등 전분 함량이 높은 식품을 160℃의 고온에서 가열할 때 생성되는 발암물질은?

① 벤조피렌
② 아크릴아마이드
③ 아질산나트륨
④ 메틸알코올

해설

아크릴아마이드는 감자나 곡류 등 탄수화물을 고온에서 조리할 때 자연적으로 발생하는 발암물질로 160℃ 이상의 고온에서 가열할 때 급속도로 생성되며, 가열 시간이 길어질수록 더 늘어난다.

02 먹는물 수질기준 및 검사 등에 관한 규칙에 따른 전항목 수질검사 주기로 알맞은 것은?

① 6개월
② 1년
③ 1년 6개월
④ 2년

해설

수질검사의 횟수(먹는물 수질기준 및 검사 등에 관한 규칙 제4조제2항)
먹는물관리법에 따라 먹는물공동시설을 관리하는 시장·군수·구청장은 다음의 기준에 따라 수질검사를 실시하여야 한다.
• 별표 1의 전항목 검사 : 매년 1회 이상

03 과자류 제품의 관능적 평가 기준이 아닌 것은?

① 굽기의 균일함

② 내부 조직의 수분 함량

③ 껍질의 터짐과 찢어짐

④ 굽기 후 향미와 맛

해설

관능적 평가란 시각, 미각, 후각, 촉각, 청각의 5가지 감각을 이용하여 식품의 외관이나 향미, 조직 등을 객관적이고 과학적으로 평가하는 것이다.

04 쥐, 바퀴벌레, 파리의 공통적 피해로 알맞은 것은?

① 장티푸스

② 렙토스피라증

③ 재귀열

④ 디프테리아

해설

위생동물에 의한 감염병

• 바퀴벌레 매개 질병 : 장티푸스, 콜레라, 소아마비, 세균성 이질, 파라티푸스 등

• 쥐 매개 질병 : 렙토스피라, 발진열, 발진티푸스, 야토병, 장티푸스 등

• 파리 매개 질병 : 장티푸스, 파라티푸스, 콜레라, 디프테리아 등

05 인수공통감염병이 아닌 것은?

① 탄저병

② 디프테리아

③ 일본뇌염

④ 브루셀라병

해설

인수공통감염병이랑 동물과 사람 간 서로 전파되는 병원체에 의하여 발생되는 감염병으로, 광견병, 브루셀라증, 야토병, 탄저병, Q열, 결핵, 일본뇌염 등이 있다.

06 해수균의 일종으로 2~4% 소금물에서 잘 생육하는 식중독균의 종류는?

① 병원성 대장균　　　　　② 황색포도상구균
③ 장염 비브리오균　　　　④ 노로 바이러스

해설
장염 비브리오균은 염분이 높은 환경에서도 잘 자라 해수에서 살며, 어패류를 오염시켜 식중독을 일으키는 균이다.

07 달걀 및 우유, 가금류 등이 원인이 되는 균은?

① 살모넬라균　　　　　　② 바실러스균
③ 리스테리아균　　　　　④ 캄필로박터균

해설
살모넬라균은 제대로 가열되지 않은 가금류, 달걀, 우유 등에서 발견될 수 있으며 복통, 설사, 오한, 고열, 메스꺼움 등의 증상을 나타내는 식중독균이다. 살모넬라균은 열에 약하므로 달걀, 가금류 조리 시 75℃에서 1분 이상 가열하면 예방할 수 있다.

08 식중독균이 증식하며 발생하는 내열성 장독소를 만들어 내는 균은?

① *Campylobacter jejuni*
② *E. coli* O157:H7
③ *Vibrio parahaemolyticus*
④ *Staphylococcus aureus*

해설
황색포도상구균(*Staphylococcus aureus*)은 장독소(Enterotoxin)를 분비하며 이 독소는 내열성이 있어 100℃에서 30분간 가열해도 파괴되지 않는다.

09 위생적인 관리를 위해 작업장 출입구 쪽에 위치하지 않아도 되는 것은?

① 세정대

② 신발소독조

③ 탈의실

④ 에어샤워기

해설

식품 시설의 위생을 위한 작업장 출입구에는 에어커튼, 에어셔터, 에어샤워기 등을 설치하고, 손 세척을 위한 세정대와 신발소독조를 비치한다. 또한 작업장과 인접한 곳에 탈의실을 갖춰야 하며, 작업자가 작업장으로 들어가기 전 오염원이 확산되는 것을 방지하고, 교차오염이 발생하지 않도록 해야 한다.

10 오염구역에서 비오염구역으로 작업 이동 시 알맞은 행동은?

① 구역별 전용 작업복을 착용한다.

② 비오염구역의 출입문을 항상 열어 둔다.

③ 외포장을 제거하지 않은 상태 그대로 물건을 가져온다.

④ 오염구역에서 손 세척을 했다면 비오염구역에서는 하지 않아도 무방하다.

해설

식품을 취급하는 작업장은 오염구역(일반작업구역)과 비오염구역(청결작업구역)을 구분하여 운영해야 한다. 비오염구역에는 손 세정대 및 에어커튼 등을 설치하여 작업장 내부로 오염물질이 유입되지 않도록 해야 한다. 또한 구역별 복장을 구분하여 사용하고, 비오염 작업구역은 해충, 오염물질 등의 유입을 방지하기 위해 출입문, 창문, 바닥, 벽 등에 틈이 없어야 한다.

11 곰팡이의 생육 조건과 관련 없는 것은?

① pH

② 숙주

③ 산소

④ Aw

해설

곰팡이의 생육에는 온도, 습도, 영양원, 산소, pH 등의 요소가 필요하다.
② 바이러스는 숙주 안에 기생을 하며 증식이 가능한 미생물이다.

12 경구감염병 예방 대책으로 옳지 않은 것은?

① 우물, 상수도 관리에 주의한다.

② 환자나 보균자의 분변 처리에 주의한다.

③ 환기를 자주 시켜 실내 공기의 청결을 깨끗하게 한다.

④ 식기, 용기, 행주 등의 소독을 철저히 한다.

해설

경구감염병은 음식물, 음료수 등에 의해 입을 통하여 병원체가 침입해 감염을 일으키는 소화기 계통 감염병으로 환자의 분비물, 환자가 사용한 물품을 철저히 소독·살균하고 식품과 음료수의 위생관리를 철저히 하여 예방할 수 있다.

13 식품첨가물에 관한 기준 및 규격을 고시하는 자로 옳은 것은?

① 시·도지사

② 식품의약품안전처장

③ 시장·군수·구청장

④ 시·군·구 보건소장

해설

식품 또는 식품첨가물에 관한 기준 및 규격(식품위생법 제7조제1항)

식품의약품안전처장은 국민 건강을 보호·증진하기 위하여 필요하면 판매를 목적으로 하는 식품 또는 식품첨가물에 관한 다음의 사항을 정하여 고시한다.

• 제조·가공·사용·조리·보존 방법에 관한 기준

• 성분에 관한 규격

14 대장균에 대한 설명으로 옳지 않은 것은?

① 살균되지 않은 우유, 익히지 않은 쇠고기가 원인이 된다.

② 오염된 물로 재배된 채소와 과일을 통해 감염될 수 있다.

③ 설사, 복통, 구토, 탈수 등의 증상이 나타난다.

④ 사람 간 전파는 일어나지 않으므로 보균자가 손 세척 후 조리 작업을 할 수 있다.

해설

병원성대장균은 덜 익힌 육류나 오염된 우유, 오염된 지하수로 재배한 채소 등에 의해 감염될 수 있으며, 적은 양으로도 사람과 사람 간 전파가 가능하므로 보균자의 조리 작업을 금지해야 한다.

15 작업 내용에 따라 조도 기준을 달리한다면 표준 조도를 가장 높게 해야 할 작업 내용은?

① 마무리 작업   ② 계량 및 반죽 작업

③ 굽기 및 포장 작업   ④ 발효 작업

해설

작업 내용에 따른 조도(lx)

작업 내용	표준 조도(lx)	한계 조도(lx)
발효	50	30~70
계량, 반죽, 조리, 성형	200	150~300
굽기, 포장, 장식(기계)	100	70~150
장식(수작업), 마무리 작업	500	300~700

16 기기를 세척하기 위한 세척제 및 소독제에 대한 설명으로 옳지 않은 것은?

① 사용 전 세제의 용도를 숙지한다.

② 효율성과 안전성을 고려하여 사용한다.

③ 임의로 여러 세척제를 섞어 사용하지 않는다.

④ 하나의 소독제로 여러 기구를 소독할 때 사용한다.

해설

세척, 소독제는 기구마다 용도에 맞게 용법, 용량을 지켜 사용해야 한다.

17 HACCP 절차 중 한계 기준 설정의 지표로 적절하지 않은 것은?

① 시간   ② 공정

③ 습도   ④ 온도

해설

한계 기준 설정이란 중요관리점(CCP)에서 위해를 방지하기 위한 기준을 설정하는 단계로, 육안 관찰이나 측정으로 현장에서 쉽게 확인할 수 있는 수치나 특정 지표로 나타낼 수 있는 것이어야 한다.

18 작업환경 위생안전관리 지침서에 포함되지 않는 내용은?

① 화장실 및 탈의실 관리

② 재료의 품질 보증 관리

③ 작업장 온도 및 습도 관리

④ 폐기물 및 폐수 처리시설 관리

해설

작업환경 위생안전관리 지침서의 내용으로는 작업장 주변 관리, 방충·방서 관리, 화장실 및 탈의실 관리, 작업장 및 매장의 온·습도 관리, 전기·가스·조명 관리, 폐기물 및 폐수 처리시설 관리, 시설·설비 위생관리에 관한 내용을 포함한다.

19 냉동 시설에 부착하는 온도 감응 장치 센서의 부착 위치로 옳은 것은?

① 냉동고 바깥쪽   ② 냉동고 안쪽 중간

③ 냉동고 가장 안쪽   ④ 냉동고 가장 아래쪽

해설

냉장, 냉동 시설의 온도 감응 장치의 센서는 온도가 가장 높게 측정되는 곳에 위치하도록 한다.

20 유지류를 보관하기에 알맞은 조건은?

① 햇빛이 잘 드는 곳에 보관한다.

② 실온에 보관하여 적절한 물성이 유지되도록 한다.

③ 흡습성이 있어 풍미가 변하지 않도록 밀봉하여 보관한다.

④ 투명한 통에 넣어 건조 창고에 보관한다.

해설

유지는 온도, 빛, 금속, 수분 등에 의해 반응하여 산화될 수 있으므로 보관에 주의해야 한다. 적정 보관 온도는 −5~0℃이며, 흡습성이 있기 때문에 밀봉하여 보관한다.

제 2 과목 · 제과점 관리

21 호밀가루로 빵류 제품 제조 시 조치 사항으로 알맞은 것은?

① 수분 함량과 굽는 시간을 줄인다.
② 글루텐 함량이 낮기 때문에 밀가루를 섞어 반죽한다.
③ 섬유소가 많기 때문에 믹싱과 1차 발효를 길게 한다.
④ 거친 식감을 보완하기 위해 통밀가루를 첨가한다.

해설

호밀가루는 밀가루에 비해 글루텐 함량이 낮기 때문에 탄력성과 신장성이 없는 반죽이 만들어지므로, 밀가루를 섞어서 반죽을 한다.

22 항산화 작용을 하는 영양소로 옳은 것은?

① 비타민 D   ② 엽산
③ 티아민   ④ 토코페롤

해설

비타민 A, C, E(토코페롤)는 대표적인 항산화 영양소로, 신체 질환 및 노화를 유발하는 활성산소를 제거하는 역할을 한다.

23 박력분에 대한 설명으로 옳지 않은 것은?

① 단백질을 7~9% 정도 함유한 밀가루이다.
② 바삭하고 부드러운 질감의 제품을 만든다.
③ 경질밀로 만들어진 밀가루이다.
④ 입자가 고우며 쉽게 뭉쳐진다.

해설

박력분은 연질밀(연질소맥)을 사용하며, 단백질을 약 7~9% 함유하고 있어 바삭한 질감을 위해 주로 제과용으로 사용된다.

24 활성 글루텐의 사용 목적으로 옳은 것은?

① 반죽 시간을 늘리기 위해 사용한다.

② 반죽의 강도를 개선하는 데 사용한다.

③ 부드러운 질감을 형성하는 데 사용한다.

④ 박력분으로 제빵류를 만들 때 사용한다.

해설

활성 글루텐이란 밀가루 반죽에서 전분을 제거하여 건조시킨 후 가공한 것으로, 반죽의 강도를 개선하는 데 사용하는 밀가루 개량제로 이용되며, 글루텐 생성 속도를 높여 반죽 시간이 단축된다.

25 반죽 온도를 조절하기 위한 마찰 계수 계산에 필요하지 않은 것은?

① 이스트 온도

② 유지 온도

③ 달걀 온도

④ 설탕 온도

해설

마찰 계수 = (반죽 결과 온도 × 6) − (실내 온도 + 밀가루 온도 + 설탕 온도 + 유지 온도 + 달걀 온도 + 물 온도)

26 마케팅에서 경영자가 통제할 수 있는 네 가지 요소(4P)에 해당하지 않는 것은?

① 제품(Product)

② 가격(Price)

③ 고객(People)

④ 유통 경로(Place)

해설

마케팅(Marketing)이란 제품이나 서비스가 소비자에게 선택될 수 있도록 하기 위해 행하는 모든 제반 활동을 의미하는 것으로 마케팅 전략을 세우기 위해서는 통제 가능한 4P(상품, 가격, 유통 경로, 촉진)를 분석해야 한다.

정답 24 ② 25 ① 26 ③

27 판매 원가를 구성하는 요소에 대한 설명으로 옳지 않은 것은?

① 직접 노무비와 직접 재료비는 직접 원가에 해당한다.

② 직접 원가에 간접 경비를 포함하여 제조 원가를 결정한다.

③ 제조 원가는 판매 이익까지 포함한 가격이다.

④ 총원가는 제품 제조 및 판매를 위해 소비된 원가이며, 제조 원가에 판매비, 일반 관리비를 포함한 가격이다.

해설

제조 원가는 직접 원가와 제조 간접비(설비 등에 대한 감가상각비, 보험료, 수도광열비 등)를 포함한 것이며, 판매 이익까지 고려한 가격은 판매 원가이다.

28 소규모 베이커리의 판매 촉진 방법으로 알맞은 것은?

① 자동화 기계 및 설비를 확충하여 메뉴를 생산한다.

② 프랜차이즈 베이커리의 손님을 타깃으로 설정한다.

③ 정치, 법률적 환경과 같은 외부 환경을 분석하여 통제한다.

④ 소비자 조사를 통해 메뉴를 개발하고 홍보 마케팅을 실시한다.

해설

소비자들의 복잡하고 다양한 니즈를 충족시키기 위한 소비자 분석을 통해 다양한 메뉴를 개발하고, 그에 따른 홍보 마케팅을 실시하여야 한다. 이러한 노력을 통해 수익성 증대에 기여할 수 있다.

29 재고 회전율에 대한 설명으로 옳은 것은?

① 항상 재고 회전율이 낮게 유지되는 것이 좋다.

② 재고 회전율이 높으면 자본수익률이 좋지 않다고 볼 수 있다.

③ 재고 회전율이 지나치게 높을 경우 상품 수요 증가 시 빠르게 대응할 수 있다.

④ 재고 회전율이 낮을 경우 보관, 관리를 위한 부대비용이 많이 발생할 수 있다.

해설

재고 회전율이란 재고를 얼마나 잘 운용하고 있는지를 나타내는 지표로, 수치가 높을수록 재고 자산 관리가 효율적으로 이루어지고 있다는 것이다. 재고 회전율이 지나치게 높을 경우 원재료 및 제품 부족으로 계속적인 생산 및 판매 활동에 지장을 초래할 수도 있다.

30 손익계산서를 통해 얻을 수 있는 정보가 아닌 것은?

① 미래의 수익 창출 능력 예측
② 회사의 계속적인 성장 여부
③ 회계 기간 동안 기업의 경영 성과
④ 우수한 인적 자원의 보유 여부

해설

손익계산서란 일정 기간 동안 기업의 경영 성과를 나타내기 위한 재무제표이다. 이를 통해 기업의 성장성과 장기적인 수익력, 총체적인 경영 성과를 알 수 있다.

31 반죽에 첨가하는 설탕의 기능과 거리가 먼 것은?

① 감미제로서의 역할을 한다.
② 반죽의 껍질 색을 좋게 한다.
③ 수분을 보유하여 노화를 지연시킨다.
④ 제품의 형태를 유지시켜 준다.

해설

과자류 제품 제조 시 설탕은 단맛과 함께 수분을 보유할 수 있어 제품의 표면이 마르지 않도록 하며, 메일라드(마이야르) 반응, 캐러멜화 반응을 일으켜 구운 색이 나게 한다.

32 신선도가 떨어진 달걀을 이용해 스펀지 케이크를 제조할 경우 나타날 수 있는 결과로 옳은 것은?

① 기포 형성 시간이 짧고 불안정하다.
② 기포 형성이 빠르며, 안정적인 기포가 형성된다.
③ 기포 형성 시간이 길고, 불안정한 기포가 형성된다.
④ 단단하고 안정적인 기포 형성으로 부피가 큰 제품이 만들어진다.

해설

달걀의 신선도가 떨어질수록 농후난백에서 수양난백이 많아지게 된다. 수양난백은 점도가 낮기 때문에 기포 형성 능력이 좋아 거품은 잘 일어나지만 안정성이 떨어진다.

33 우유의 가공에 관한 설명으로 틀린 것은?

① 크림의 주성분은 우유의 지방이다.

② 분유는 전유, 탈지유 등을 건조시켜 분말화한 것이다.

③ 초고온 순간 살균법은 130~140℃에서 2초간 살균한 것이다.

④ 무당 연유는 살균 처리하지 않았기 때문에 개봉 후 바로 사용한다.

해설

무당 연유는 전유 중 수분 60%를 제거하고 농축한 것으로 설탕 첨가에 의한 보존성이 없기 때문에 살균 처리하여야 한다.

34 냉과류 제조 시 사용하는 동물성 안정제로 알맞은 것은?

① 젤라틴   ② 한천

③ 펙틴   ④ 키틴

해설

안정제란 식품에 대한 점착성을 증가시키고 유화안정성을 증가시키는 물질로, 유화제나 한천, 젤라틴, 펙틴 등이 사용된다. 그중 젤라틴은 동물의 가죽, 힘줄, 연골 등을 구성하는 천연 단백질인 콜라겐으로부터 얻은 동물성 안정제이다.

35 롤인용 유지의 특징으로 바른 것은?

① 융점이 낮은 유지를 사용한다.

② 온도 변화가 크고, 반죽 속에 잘 용해되어야 한다.

③ 가소성이 뛰어나 밀어 펴기, 접기 작업에 무리가 없어야 한다.

④ 공기를 혼입하여 부피를 최대로 증대시키는 크리밍성이 좋아야 한다.

해설

롤인용으로 사용되는 유지는 밀어 펴기, 접기 등의 작업이 필요하기 때문에 외부에서 힘을 가해도 원래의 형태를 유지할 수 있는 가소성의 범위가 넓어야 한다. 또한 여름철 작업에도 견딜 수 있도록 온도 범위가 10~30℃ 이상으로 넓어야 한다.

36 반죽을 오븐에서 굽는 과정을 통해 일어나는 변화에 대한 설명이 틀린 것은?

① 밀가루 단백질이 열에 의해 변성된다.

② 밀가루 속 전분이 호화되어 부피가 커진다.

③ 아미노산과 당이 반응하여 껍질 색이 형성된다.

④ 수분 손실이 급격히 일어나면서 노화 반응이 시작된다.

해설

전분의 노화란 호화된 전분을 상온에서 오래 방치하면 전분 분자들이 수소 결합을 통해 부분적으로 결정성 구조를 형성하는 과정으로, 60℃ 이상일 때는 일어나지 않는다.

37 카세인과 같은 단백질의 분류로 알맞은 것은?

① 알부민
② 헤모글로빈
③ 글로불린
④ 프롤라민

해설

카세인은 단순 단백질에 인산이 결합된 복합단백질로, 복합단백질에는 당단백질, 인단백질, 색소단백질, 금속단백질 등이 있다. 헤모글로빈은 색소를 함유한 복합단백질 중 하나이며, 알부민, 글로불린, 프롤라민은 단순 단백질의 종류 중 하나이다.

38 불포화지방산에 대한 설명으로 옳지 않은 것은?

① 올레산, 리놀레산, 리놀렌산 등이 있다.

② 이중결합을 1개 이상 가지고 있어 산화안정성이 좋다.

③ 융점이 낮아 액체 상태로 존재하며, 식물성 유지에 다량 함유되어 있다.

④ 체내에서 합성되지 않아 음식물 섭취를 통해 보충해야 한다.

해설

불포화지방산은 탄소와 탄소 결합에 이중결합이 1개 이상 있는 지방산이다. 불포화지방산은 이중결합이 많아 불안정한 상태로 이중결합 부위가 산소와 반응하여 산화되기가 쉽다.

39 인적 자원 관리의 목적이 아닌 것은?

① 재산 축적의 목적

② 제품 생산성 향상의 목적

③ 기업 목표 및 조직의 유지를 위한 목적

④ 사회 참여 및 성취감 향상을 위한 목적

해설

베이커리 조직의 인적 자원 관리란 기업의 목표인 생산성 향상과 기업 조직의 유지를 목표로 기업 경영 활동에 필요한 유능한 인재를 확보하고, 이들에 대한 공정한 보상을 하는 데 중점을 둔다. 이를 통해 종업원은 생계유지와 사회 참여, 성취감 등을 가질 수 있다.

40 밀가루 대비 설탕 사용량이 적은 반죽의 경우 나타날 수 있는 제품의 품질로 옳은 것은?

① 믹싱 중 공기 혼입이 많아 부피가 큰 제품이 나올 수 있다.

② 반죽의 비중이 증가하여 열린 기공 상태를 보일 수 있다.

③ 공기 포집이 적어 조밀한 기공과 단단한 조직감을 가질 수 있다.

④ 껍질 색이 진하고 케이크 중앙 부위가 가라앉을 수 있다.

해설

설탕이 적은 반죽은 설탕을 용해시킬 수분 재료의 함량도 적으므로 믹싱 중 공기 혼입이 적어 기공이 조밀해지고, 비중이 높아 단단한 조직감을 가질 수 있게 된다.

제 **3** 과목 ⟩ **과자류 제품제조**

41 롤케이크 제조 시 옆면이 터질 때 조치 방법으로 옳은 것은?

① 노른자의 비율을 증가시킨다.

② 오븐의 밑불 온도를 낮춘다.

③ 팽창제 사용량을 증가시킨다.

④ 설탕의 일부를 물엿으로 대체한다.

해설

롤케이크를 말 때 터지는 이유는 표피가 거칠거나 건조하여 신장성이 부족한 경우 또는 과도한 팽창에 의해 접착성이 약해졌기 때문이다. 이때 배합표의 설탕 일부를 물엿으로 대치하거나 덱스트린을 사용하면 접착성이 좋아진다.

42 슈 껍질 제조에 관한 설명으로 틀린 것은?

① 굽기 초기에는 아랫불을 강하게 한다.

② 반죽에 설탕을 첨가하면 팽창이 증가된다.

③ 전분을 호화시켜 점성이 생기도록 해야 한다.

④ 굽기 초기에는 팽창을 위해 오븐을 열지 않는다.

해설

설탕은 친수성이 커서 전분의 호화를 방해하기 때문에 팽창력을 약하게 한다.

43 다크 초콜릿 템퍼링에 대한 설명 중 옳은 것은?

① 초콜릿을 60℃ 이상으로 녹이며 중탕시킨다.

② 안정된 카카오 버터 결정을 녹여주는 과정이다.

③ 40℃로 녹인 초콜릿에 고체 상태의 초콜릿을 넣어가며 템퍼링한다.

④ 50℃로 녹인 초콜릿을 27℃로 온도를 낮춘 후 32℃ 정도로 다시 높여 템퍼링한다.

해설

초콜릿 템퍼링은 안정적인 결정의 코코아 버터를 만들기 위해 온도를 조절하는 작업이다.
초콜릿 템퍼링 작업 온도

구분	녹이는 온도	냉각 온도	최종 온도
다크 초콜릿	50~55℃	27~29℃	30~32℃
밀크 초콜릿	45~50℃	26~28℃	29~30℃
화이트 초콜릿	40~45℃	25~27℃	27~28℃

44 오버런이 처음 부피의 2배가 된 상태는 생크림이 어느 정도 올라온 것을 의미하는가?

① 50%

② 70%

③ 100%

④ 150%

해설

오버런이란 생크림을 휘핑하여 공기가 포집되어 부피가 증가한 상태를 의미하는 것으로 처음의 2배가 되었을 때 100%라고 한다.

45 타르트 제조 시 충전물이 흘러넘친 이유로 알맞은 것은?

① 반죽의 휴지가 짧았을 때

② 파지 사용량이 많았을 때

③ 반죽의 피케를 충분히 하지 않았을 때

④ 바닥 껍질이 너무 두꺼웠을 때

해설

타르트 충전물이 끓어 넘치는 이유로는 오븐의 온도가 높거나 파이 껍질에 수분이 많은 경우, 바닥 껍질이 너무 얇은 경우, 타르트지에 구멍을 충분히 뚫지 않은 경우에 발생할 수 있다.

46 이탤리언 버터크림 제조 시 시럽의 온도로 적절한 것은?

① 100℃

② 118℃

③ 143℃

④ 187℃

> **해설**
> 이탤리언 버터크림은 이탤리언 머랭을 만들어 버터와 함께 섞어 만든다. 이때 시럽의 온도는 118℃로 올려 달걀흰자에 조금씩 부어가며 머랭을 만든다.

47 이탤리언 머랭에 대한 설명으로 틀린 것은?

① 머랭의 안정성이 떨어진다.

② 끓인 시럽을 넣어가며 흰자 거품을 올린다.

③ 살균 처리하는 효과를 가져올 수 있다.

④ 무스와 크림과 같은 제품에 섞어 사용한다.

> **해설**
> 이탤리언 머랭은 끓인 설탕 시럽을 흰자에 넣어 거품을 낸 것으로 달걀흰자 중 일부가 열 응고를 일으켜 기포가 단단하고 안정성이 높다는 장점이 있다.

48 스위스 머랭 제조 시 흰자 대비 설탕의 비율로 적절한 것은?

① 1 : 0.5

② 1 : 1

③ 1 : 2

④ 1 : 3

> **해설**
> 스위스 머랭은 달걀흰자와 설탕을 1 : 2의 비율로 넣어 43~49℃로 중탕하여 만든다.

49 반죽형 반죽법 중 단단계법에 대한 설명으로 옳은 것은?

① 수작업에 적합한 방법이다.

② 유화제를 첨가하여 믹싱한다.

③ 액체 재료는 거품이 어느 정도 올라온 뒤 첨가한다.

④ 밀가루와 유지를 먼저 혼합한 후 액체 재료를 첨가한다.

> **해설**
> 반죽형 반죽법 중 단단계법(1단계법)은 모든 재료를 한번에 넣고 믹싱하는 방법으로 기계 성능이 좋아야 하며 유화제를 사용하여 만든다.

50 거품형 쿠키의 종류가 아닌 것은?

① 슈거 쿠키　　　　　　　② 머랭 쿠키

③ 스펀지 쿠키　　　　　　④ 마카롱 쿠키

> **해설**
> 거품형 쿠키는 달걀의 기포성을 이용하여 만드는 제품으로 머랭 쿠키, 스펀지 쿠키, 마카롱 쿠키 등이 있다.
> ① 슈거 쿠키는 스냅 쿠키라고도 하며, 달걀 사용량이 적어 밀어 펴는 형태의 반죽형 쿠키이다.

51 별립법으로 제조한 반죽법의 특징으로 옳지 않은 것은?

① 반죽의 비중이 낮으며 식감이 부드럽다.

② 흰자와 노른자에 각각 설탕을 넣고 거품을 낸다.

③ 부드러운 반죽을 위해 많은 양의 유지가 필요하다.

④ 공기를 많이 포집하며, 스펀지 같은 질감을 갖는다.

> **해설**
> 별립법은 달걀흰자와 노른자를 각각 믹싱하여 거품을 올리는 거품형 반죽법으로, 유지는 거품 형성을 방해한다.

52 반죽 온도가 제품에 미치는 영향을 잘못 설명한 것은?

① 반죽 온도가 낮으면 단시간에 구워 껍질이 얇아질 수 있다.

② 반죽 온도가 낮으면 기공이 조밀해져 부피가 작아질 수 있다.

③ 반죽 온도가 높으면 기공이 열리며 큰 쿠멍이 생길 수 있다.

④ 반죽 온도가 높으면 조직이 거칠고 노화가 빨라질 수 있다.

해설

반죽 온도가 낮을 경우 오븐에서 굽는 시간이 길어져 껍질의 두께가 두꺼워질 수 있다.

53 초콜릿의 보관 온도 및 습도로 가장 알맞은 것은?

① 0~5℃, 20%

② 15~20℃, 50%

③ 25~30℃, 60%

④ 35~40℃, 30%

해설

초콜릿은 습기와 냄새를 잘 흡수하기 때문에 잘 밀봉해서 서늘한 곳에 보관을 해야 한다. 이때 온도는 15~20℃, 상대습도는 50~60% 정도의 환경에서 보관해야 블룸 현상을 방지할 수 있다.

54 초콜릿 블룸(Bloom) 현상에 대한 설명 중 틀린 것은?

① 제조 방법의 결함으로 발생한다.

② 저장 및 유통 과정 중에 발생한다.

③ 높은 온도에서 보관할 때 발생한다.

④ 가공 중 영양 강화에 의해 발생한다.

해설

초콜릿 '블룸(Bloom)'이란 온도와 습도의 변화에 따라 초콜릿 표면에 꽃이 피듯 흰색 또는 회색 반점이나 무늬 등의 얼룩이 나타나는 현상을 말한다. 블룸 현상은 템퍼링이 잘되지 않았을 때, 저장 또는 유통 과정에서 초콜릿을 25℃ 이상 고온에 보관할 경우 카카오 버터가 녹고 일부가 표면으로 나와 결정화될 수 있다.

55 반죽형 케이크 제조법에 대한 설명 중 틀린 것은?

① 1단계법 – 모든 재료를 한꺼번에 넣고 믹싱한다.

② 크림법 – 유지와 설탕을 넣어 가벼운 크림 상태로 만든 후 달걀을 넣는다.

③ 설탕물법 – 건조 재료를 혼합한 후 설탕 전체를 넣어 포화 용액을 만든다.

④ 블렌딩법 – 밀가루와 유지를 넣고 유지에 의해 밀가루가 피복되도록 한 후, 액체 재료를 넣는다.

해설

설탕물법은 설탕 100에 물 50의 비율로 섞어 설탕용액을 만든 후 건조 재료를 넣고 기포를 올린 뒤 달걀을 투입하는 방법이다.

56 반죽형 쿠키 중 전란의 사용량이 많아 부드러운 쿠키는?

① 스냅 쿠키　　　　② 머랭 쿠키
③ 드롭 쿠키　　　　④ 스펀지 쿠키

해설

반죽형 쿠키 중 드롭 쿠키는 수분이 많아 짜서 만드는 쿠키를 뜻하며, 스냅 쿠키는 수분이 적어 밀어 펴 모양을 만드는 쿠키이다.

57 프렌치 머랭(French Meringue) 제조 시 달걀흰자를 경화시키기 위해 넣는 재료로 알맞은 것은?

① 물　　　　　　　② 유화제
③ 젤라틴　　　　　④ 주석산

해설

주석산은 알칼리성을 띠는 달걀흰자를 중성으로 바꾸어 기포를 잘 일게 하며, 단단하게 한다.

58 커스터드 크림 제조에 관한 설명 중 옳지 않은 것은?

① 박력분 또는 전분을 넣어 호화시킨다.
② 단백질이 변성되지 않도록 크림은 40℃ 이하로 가열한다.
③ 노른자에 설탕을 섞어 우유를 넣었을 때 순식간에 익지 않도록 한다.
④ 다 된 커스터드 크림은 빠르게 식혀야 미생물 번식을 막을 수 있다.

해설
크림의 농도를 내기 위해 첨가한 전분을 호화시키기 위해서는 60℃ 이상으로 가열해야 한다.

59 파이지를 제조할 때 주의할 점으로 옳지 않은 것은?

① 차가운 상태의 버터를 사용한다.
② 반죽을 성형하기 전에 휴지시켜 사용한다.
③ 반죽을 많이 치대어 매끈한 반죽이 되도록 한다.
④ 덧가루 사용을 최소한으로 한다.

해설
반죽을 많이 치댈 경우 글루텐이 형성되어 바삭한 질감의 파이 껍질이 만들어지지 못한다.

60 설탕 공예용 설탕 반죽을 만들 때 결정이 생기는 것을 방지하기 위한 방법으로 옳은 것은?

① 첨가하는 물의 양을 줄인다.
② 설탕 용액에 주석산을 첨가한다.
③ 설탕 용액이 완전히 끓기 전에 물엿을 첨가한다.
④ 설탕 용액을 오랫동안 끓여 안정화를 시킨다.

해설
주석산을 첨가하면 설탕의 일부를 분해시켜 전화당으로 만들고, 전화당은 결정화를 막는 과당을 함유하고 있어 결정이 생기는 것을 방지할 수 있다. 또한 설탕을 끓일 때 물엿은 반드시 설탕과 물이 완전히 끓고 난 후 섞어 주어야 결정이 생기는 것을 방지할 수 있다.

참 / 고 / 문 / 헌

- 권영회, 강민호(2022). **제과제빵기능사 필기 한권으로 끝내기**. 시대고시기획.

- 김선영(2023). **답만 외우는 제과기능사 필기 기출문제+모의고사 14회**. 시대고시기획.

- 교육부(2019). **NCS 학습모듈(제과)**. 한국직업능력개발원.

[사진 자료]

- 팻 블룸(Fat Bloom)

  https://m.post.naver.com/viewer/postView.naver?volumeNo=32305711&memberNo=53524261&vType=VERTICAL

- 슈거 블룸(Sugar Bloom)

  https://blog.naver.com/doondoonpark/222760608644

제과산업기사 필기 초단기완성

개정1판1쇄 발행	2023년 08월 30일 (인쇄 2023년 06월 22일)
초 판 발 행	2023년 01월 05일 (인쇄 2022년 08월 23일)
발 행 인	박영일
책 임 편 집	이해욱
편 저	한유미
편 집 진 행	윤진영 · 김미애
표지디자인	권은경 · 길전홍선
편집디자인	정경일 · 조준영
발 행 처	(주)시대고시기획
출 판 등 록	제10-1521호
주 소	서울시 마포구 큰우물로 75 [도화동 538 성지 B/D] 9F
전 화	1600-3600
팩 스	02-701-8823
홈 페 이 지	www.sdedu.co.kr
I S B N	979-11-383-5490-5(13590)
정 가	23,000원

제과제빵기능사 합격은
SD에듀가 답이다!

'답'만 외우는 제과기능사 필기
기출문제+모의고사

▶ 핵심요약집 빨리보는 간단한 키워드 수록
▶ 정답이 한눈에 보이는 기출복원문제 7회분 수록
▶ 적중률 높은 모의고사 7회분 및 상세한 해설 수록
▶ 14,000원

'답'만 외우는 제빵기능사 필기
기출문제+모의고사

▶ 핵심요약집 빨리보는 간단한 키워드 수록
▶ 정답이 한눈에 보이는 기출복원문제 7회분 수록
▶ 적중률 높은 모의고사 7회분 및 상세한 해설 수록
▶ 14,000원

제과제빵기능사 필기
한권으로 끝내기

▶ 핵심요약집 빨리보는 간단한 키워드 수록
▶ 시험에 꼭 나오는 이론과 적중예상문제 수록
▶ 2016~2022년 상시시험 복원문제로 꼼꼼한 마무리
▶ 20,000원

제과제빵기능사 실기
통통 튀는 무료 강의

▶ 생생한 컬러화보로 담은 제과제빵 레시피
▶ HD화질 무료 동영상 강의 제공
▶ 꼭 알아야 합격할 수 있는 시험장 팁 수록
▶ 24,000원

※ 도서 이미지와 가격은 변경될 수 있습니다.